弱すぎ古生物

監修 探究学舎

ピンチはチャンス！
なんだかんだで生き残った
ニンゲンの祖先のはなし

オラ
オラァ

えほんの社

進化に隠された物語、それは弱者の挑戦の物語

生物の進化の物語へようこそ。

この本が君たちにお届けするのは、私たち「ニンゲン」までつながる命のバトンリレー。

私たちの目や手、足はなぜ生まれたのか？
なぜニンゲンだけが二足歩行するようになったのか？
恐竜時代に私たちのご先祖様はどんな姿だったのか？

生物の進化の物語をたどりながら、進化の謎を解き明かしていきます。

この物語に登場するのは、大昔に生きていたさまざまな古生物たち。

ピカイア、ユーステノプテロン、トリナクソドン…。

ページをめくるとさまざまな古生物たちが登場します。

はじめに

しかし！
こうした古生物たち、なんだかちょっと頼りなさそう。
弱そうで、心配になっちゃう。でも、ほっとけない愛くるしい生物たち。
それが私たち「ニンゲン」のご先祖様なのです。
なぜ、みんな揃いも揃って弱そうで頼りなさそうなのか。
そこにこそ、進化の秘密が隠されています。

私たちニンゲンへと続く進化の物語は、
いわば、弱者の挑戦の物語。

弱者に生まれたご先祖様は、ピンチのたびに、
生き延びるために必死に姿や形を変えてきました。

46億年の地球の歴史の中で、いったいどんなピンチがあったのか。
そして、生物たちはそれをどう乗り越えてきたのか。

生物の進化の物語をお楽しみください。

探究学舎

弱すぎ古生物

ピンチはチャンス！なんだかんだで生き残ったニンゲンの祖先のはなし

もくじ

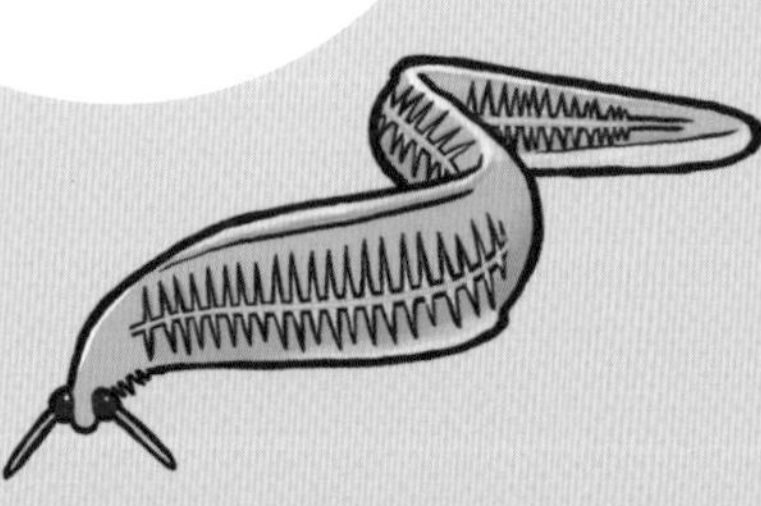

スー
ハー

PART 2

ピカイアからニンゲンまでの5億年のドラマ

PART 3

オイラと共に進化した！

身近な生物たち

PART 4

時代を変えた!?

古生代&中生代のびっくり生物！

PART 5

地球大量絶滅ビッグ5

あのときオイラは辛かった…

本書について

現在では生きている古生物の姿を目にすることはできません。生命進化については諸説ありますが、本書は学術的に正確な最新情報を追求することよりも、その生物や時代について楽しく学び、興味を持つこと、想像することを目的として編成しています。

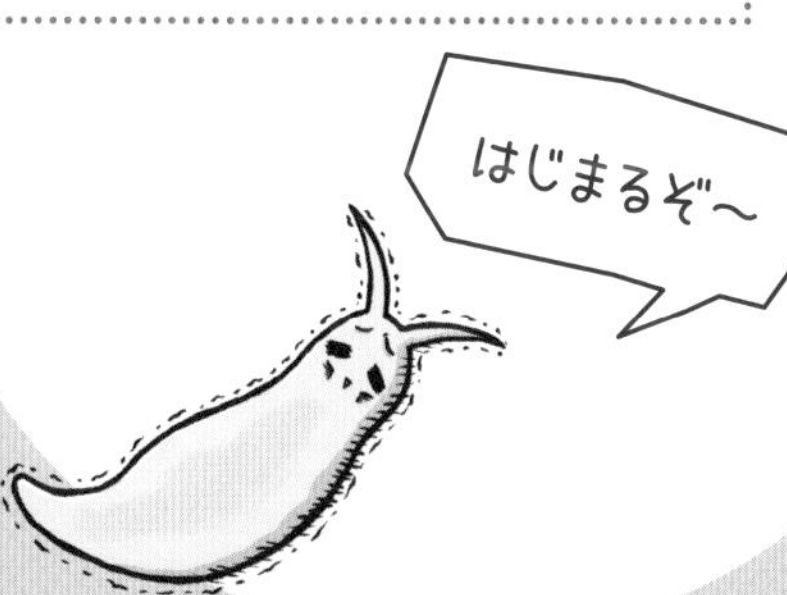

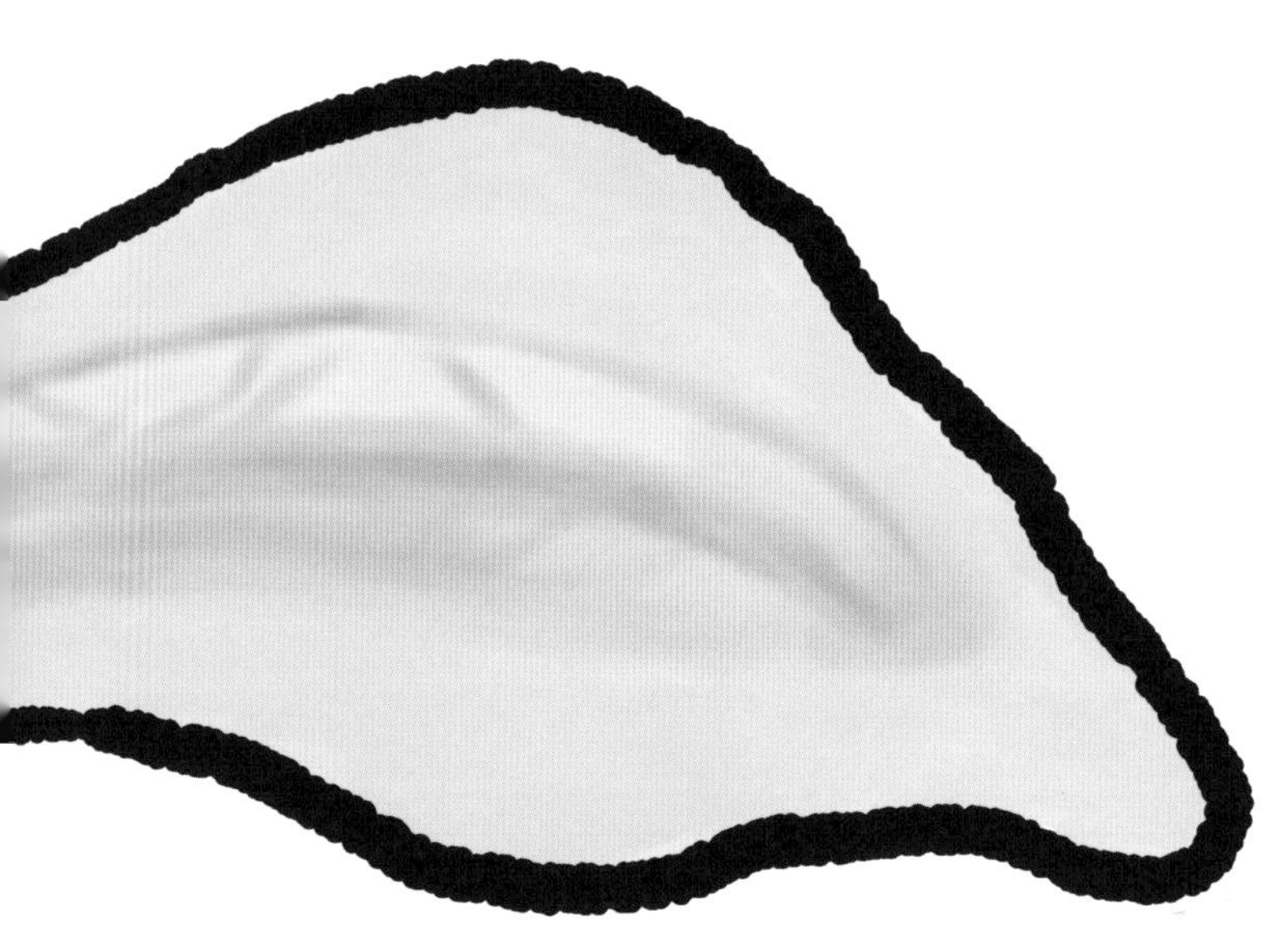

それは、5億年前のニンゲンの姿

ピカイア

ねぇ～ねぇ～、
そこのキミ。
キミだよ、キミ……。
今この本を読んでいる
キミのことだよ。
キミ…ニンゲンだよね。
ニンゲンだったら、
オイラのこと覚えているかな？
あっ…今、
誰だ！ オマエっ!!
って、思ったでしょう？
ひどいな～。
ピカイアの妖精

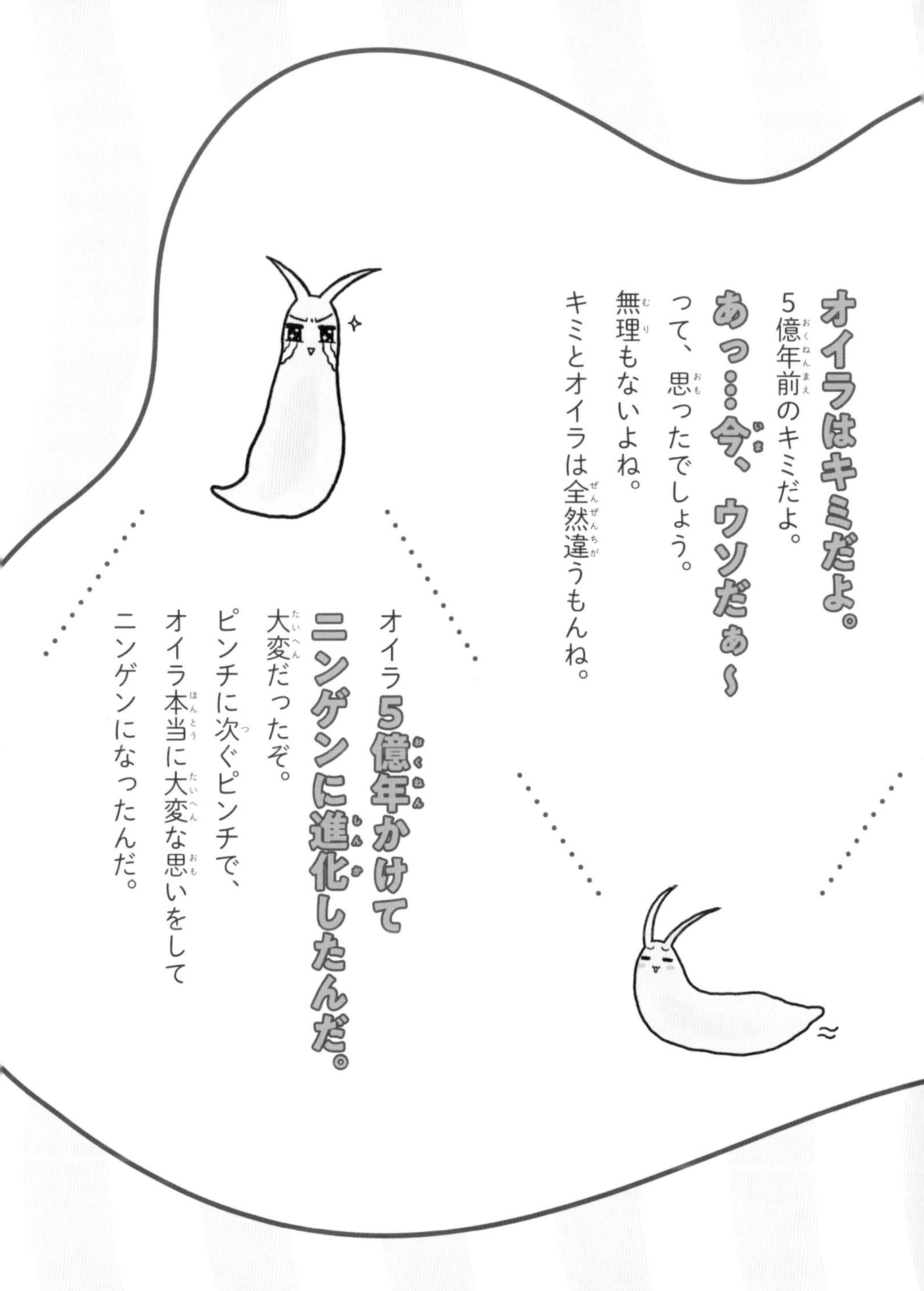

オイラはキミだよ。
5億年前のキミだよ。
あっ…今、ウソだぁ～
って、思ったでしょう。
無理もないよね。
キミとオイラは全然違うもんね。

オイラ**5億年かけて**
ニンゲンに進化したんだ。
大変だったぞ。
ピンチに次ぐピンチで、
オイラ本当に大変な思いをして
ニンゲンになったんだ。

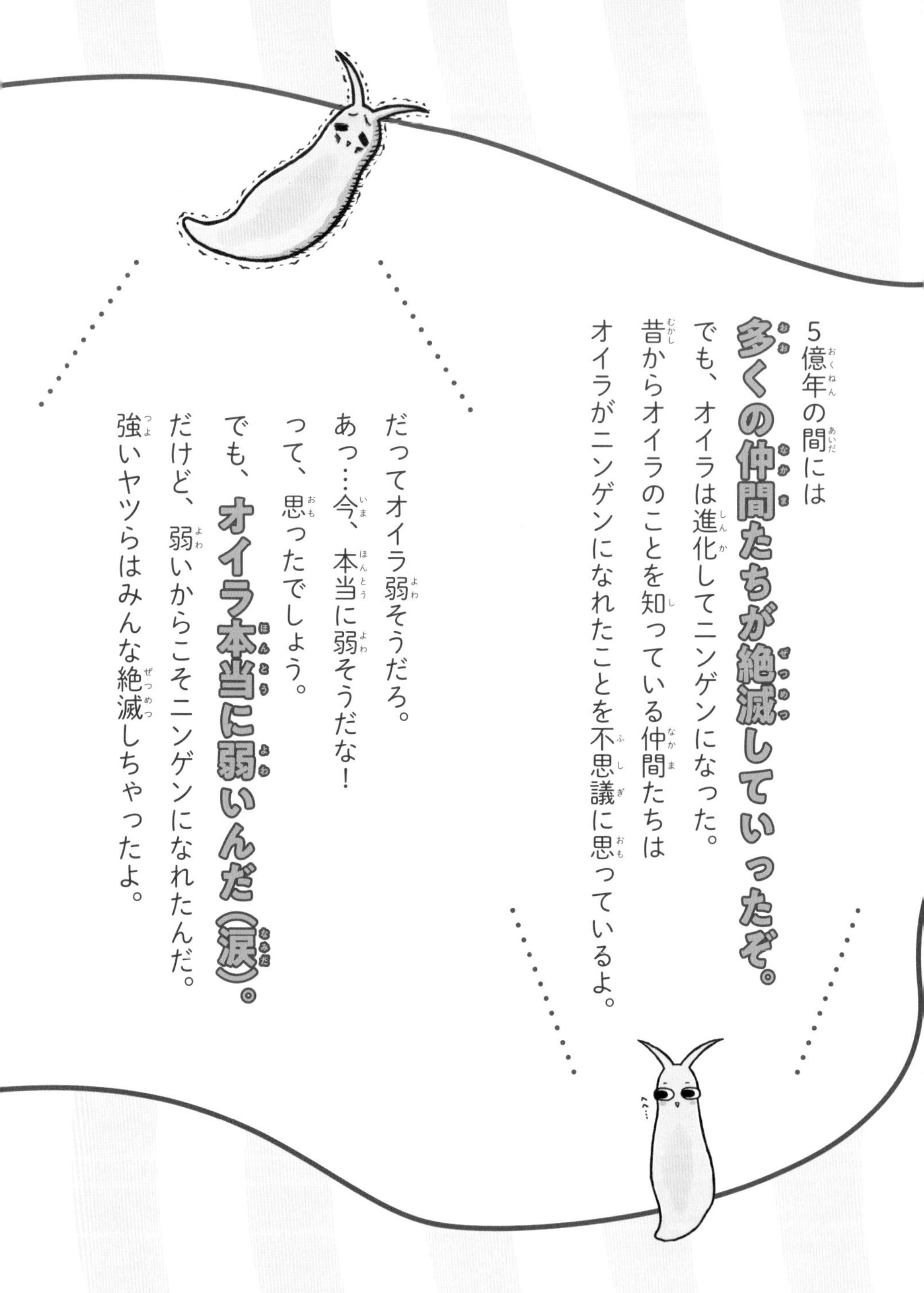

5億年の間には
多くの仲間たちが絶滅していったぞ。
でも、オイラは進化してニンゲンになった。
昔からオイラのことを知っている仲間たちは
オイラがニンゲンになれたことを不思議に思っているよ。

だってオイラ弱そうだろ。
あっ…今、本当に弱そうだな！
って、思ったでしょう。
でも、**オイラ本当に弱いんだ（涙）。**
だけど、弱いからこそニンゲンになれたんだ。
強いヤツらはみんな絶滅しちゃったよ。

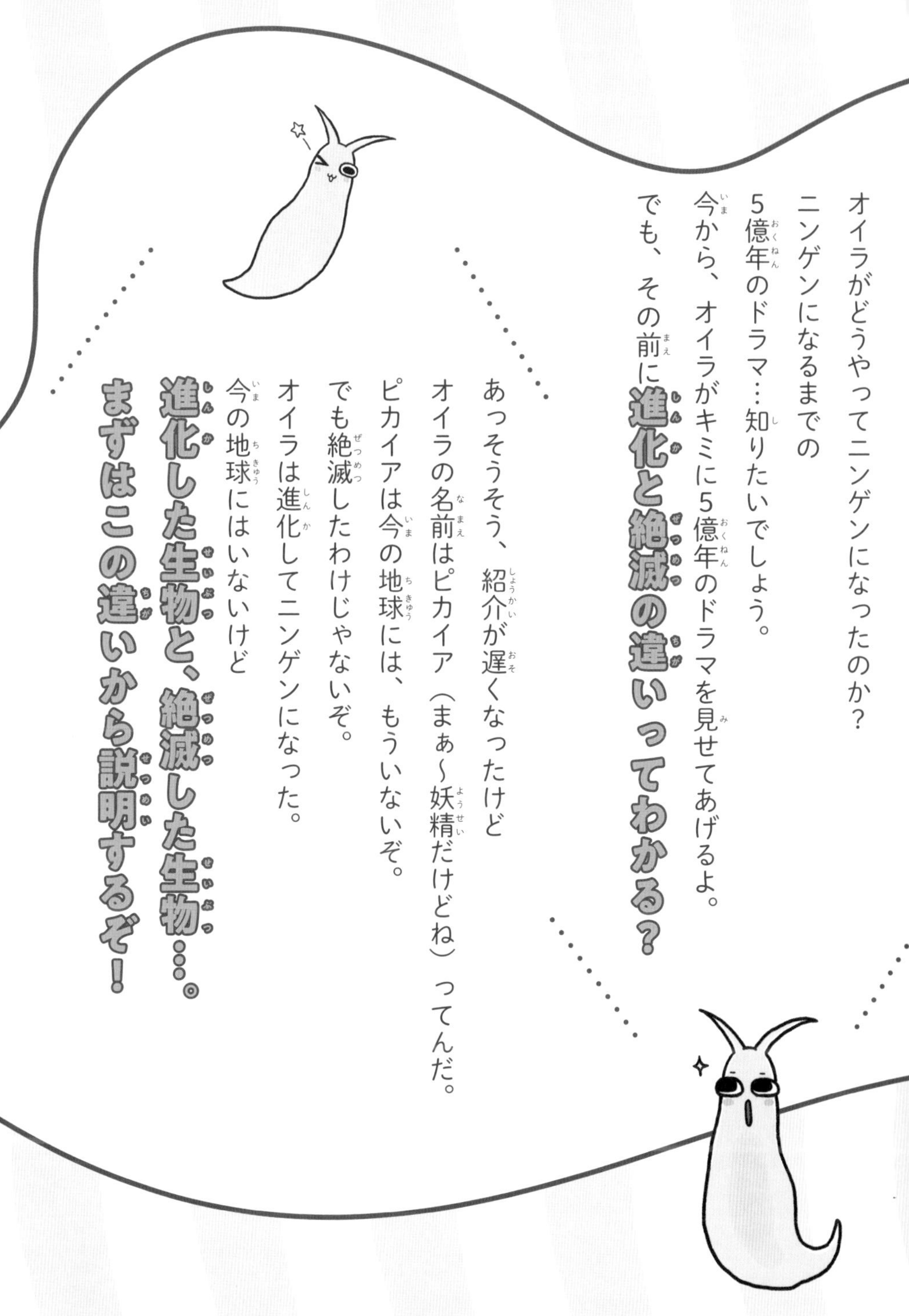

オイラがどうやってニンゲンになったのか？
ニンゲンになるまでの
5億年のドラマ…知りたいでしょう。
今から、オイラがキミに5億年のドラマを見せてあげるよ。
でも、その前に**進化と絶滅の違いってわかる？**

あっそうそう、紹介が遅くなったけど
オイラの名前はピカイア（まぁ〜妖精だけどね）ってんだ。
ピカイアは今の地球には、もういないぞ。
でも絶滅したわけじゃないぞ。
オイラは進化してニンゲンになった。
今の地球にはいないけど
進化した生物と、絶滅した生物…。
まずはこの違いから説明するぞ！

進化組！

いろいろあったけど
なんとか進化して
今は違う名前で呼ばれていますよ。
それなりに楽しくやっていますよ♪
私のことをくわしく知りたい方は
76ページを見てくださいよ。

フォスファテリウム

「進化した生物」と「絶滅した生物」どちらも今の地球にはいないけど、この違いってなに？

進化と絶滅の違い

進化とは、長い時間をかけた「命をつなぐバトンリレー」と例えることができる。時代や地域によって枝分かれの進化をしながら、さまざまな生物が誕生した。化石の発見や研究によって新説が生まれているが、いまだに謎は多く、生命進化には複数の説が存在する。

ピカイアは5億年をかけて、アウストラロピテクスへと進化していった。その途中の時代で生きていた古生物たちは、現在は生きていない。本書では、進化によって形を変え、次の生物に「命のバトン」を渡した生物を「進化した生物」、また、進化せずに滅びてしまった生物を「絶滅した生物」と説明している。

絶滅組！
オレは本当に強かったんだ。
強くなるために
どんどん進化したよ。
でもよ…その結果が絶滅だよ。
後悔なんてしてないぜ！
オレ様のことをもっと知りたいヤツは
30ページを見てみな。
アノマロカリス・カナデンシス

なぜ生物は進化するの？

生物は、地球の環境の変化に合わせて進化している。進化とは「生きるための工夫の証し」で、工夫するしか生き残る道はない…というピンチが、進化するチャンスとなる。

各時代には生態系のトップに君臨する「最強生物」がいたが、その生物たちは絶滅してしまった。それは、環境の変化や外敵に合わせて体を変化させる必要がなく、生きるための工夫をしなかったため、急な環境の変化に対応することができずに滅びてしまったのだ。

また、ライバル同士が進化を繰り返すことを「共進化」という。ライバルの存在が進化のキッカケにもなる。

オイラは戦うよりも
逃げる道を選んだけどね！

ムシャアアア

ピカイアからニンゲンまでの5億年のドラマ

激闘編

オイラがまだ水中で生活していた陸に上がる前のおはなしだよ。

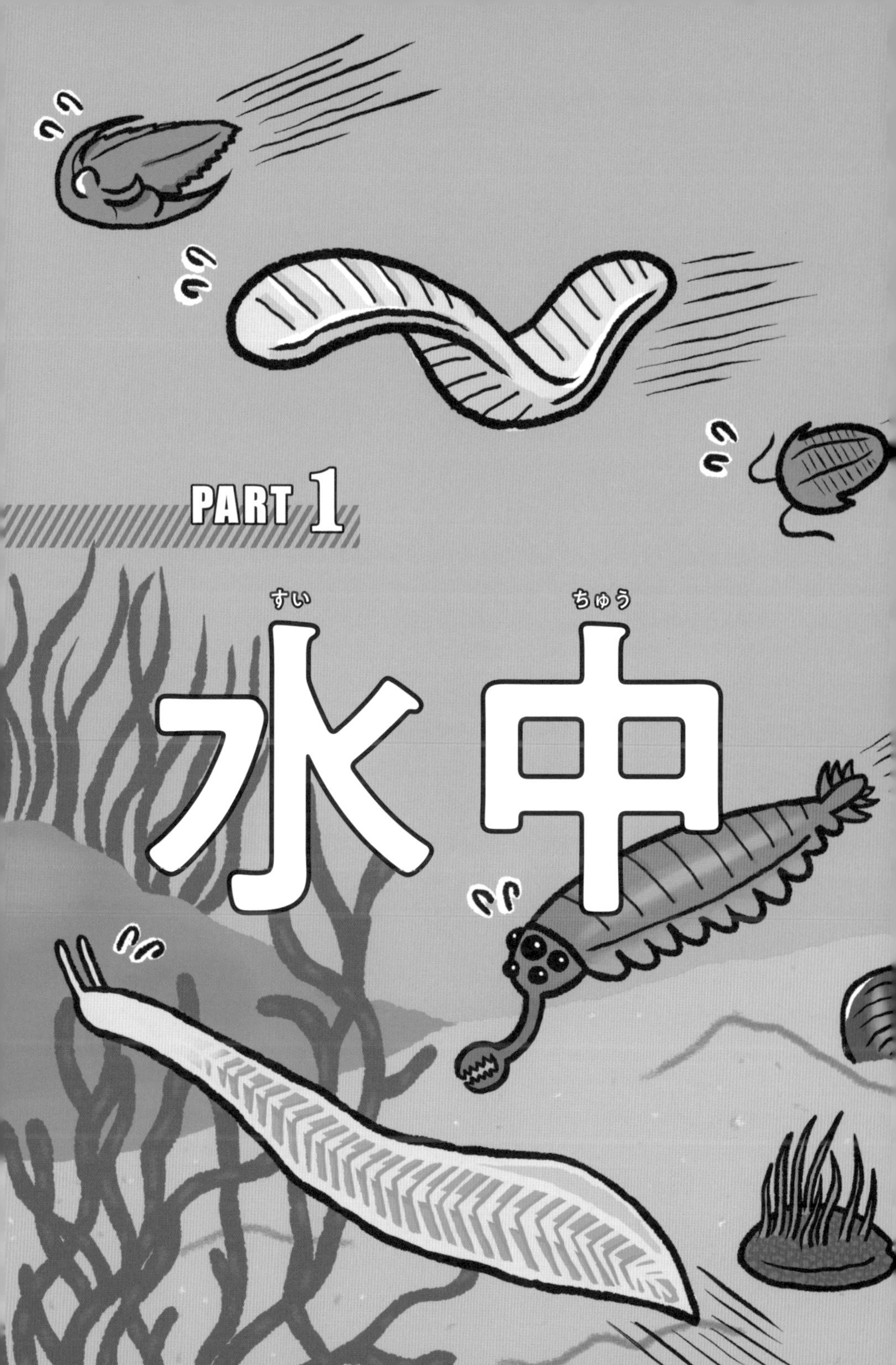
PART 1
水中（すいちゅう）

地球の変化

原核生物が登場

先カンブリア紀

約46億年～5億4000万年前！

地球誕生からカンブリア紀までの長い期間を、先カンブリア紀と呼ぶ。「冥王代」「太古代」「原生代」と区切って呼ばれることもある。最初の生命が誕生したのが、約40億年前といわれている。最初の生命はDNAが核膜に包まれていない原核生物だった。原核生物の登場から約10億年後に真核生物が誕生した。先カンブリア紀の後期には、地球が完全に凍結してしまう環境変化が起きた。

弱肉強食がはじまる

カンブリア紀

5億4000万年～4億8500万年前！

カンブリア爆発といわれる「生物の多様化」が進んだ時代。海の中では、目を持った生物や、口を持った生物、背骨を持った生物などが誕生した。その結果、弱肉強食の世界がはじまった。現在のオーストラリア、南極、アフリカ、南アメリカなどがくっついた「ゴンドワナ大陸」という大きな陸地が存在していたが、地上には生物はもちろんのこと、植物すら育っていなかった。

水中激闘時代の

石炭紀（42ページ）へ続く

4億1900万年～
3億5800万年前！

アゴを持った魚類が登場して、脊椎動物が初めて上陸を果たした時代。シダ植物や種子植物が現われて、陸上に森林ができはじめた。

デボン紀

地上に森林ができる

地上に巨大な菌類が出現

シルル紀

4億4300万年～
4億1900万年前！

ユーリプテルス（96ページ）や、スティロヌルスなどのウミサソリ類と呼ばれる生物種が、海の生態系の頂点に君臨。陸地には動物でもなく、植物でもない、高さ8メートル近い巨大な菌類が姿を見せはじめた。

4億8500万年～
4億4300万年前！

北半球のほとんどが海に覆われていた。気候は温暖だったといわれているが、オルドビス紀の後半になると、気温が急激に低下し、地球環境が激変。当時の生物の約85パーセントが消滅した（112ページ）。

生物の約85パーセントが死滅

オルドビス紀

それはピカイアが誕生する以前の地球のおはなし

地球が誕生したのが約46億年前。
オイラ（ピカイア）が誕生したのが約5億年前。

オイラが誕生した時代を、
エライ学者の先生はカンブリア紀と名づけたよ。

そして、オイラが生まれる前の時代は
先カンブリア紀と呼ばれているよ。

先カンブリア紀は40億年以上続いた
すご〜く長い時代だったんだ。

オイラの先輩の話によると、
先カンブリア紀は、

生物たちにとって平和な時代だったらしいぞ。
進化の速度もゆっくりで
のんびりした時間が流れていたんだって。

なにしろ、オイラが生まれる前の話だから
オイラも詳しいことはわからないけど、
先カンブリア紀の生物たちには
「口」がなかったらしいよ。
海の中を漂いながら、
体から栄養分を吸い取って
生活していたんだって。

ユラユラと海を漂うなんて、
気持ちよさそうだよね。
お腹が減る心配もないし、
敵に食べられる心配もいらない。
うらやましいな〜。

生物たちのドラマは先カンブリア紀からはじまった

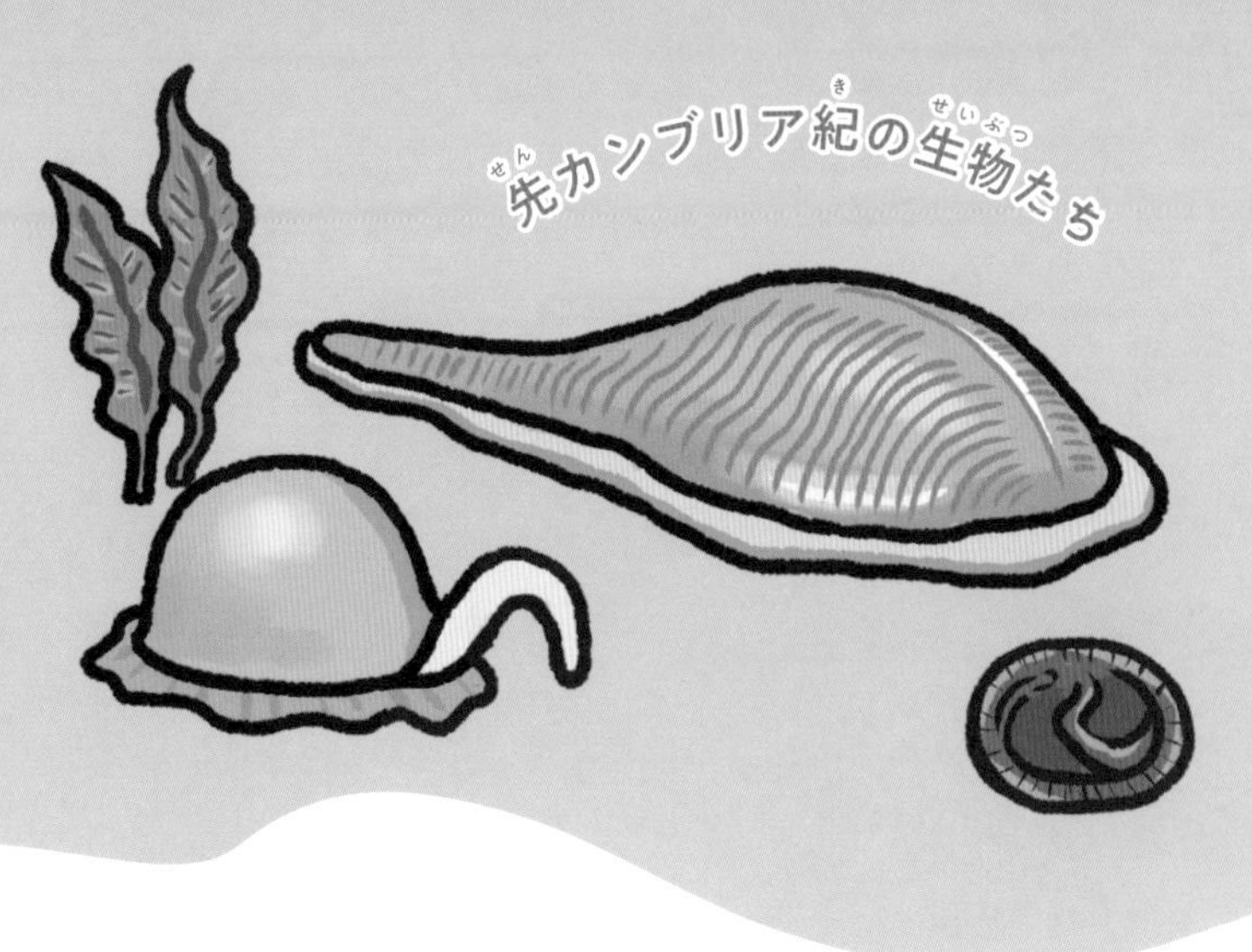

オイラが生まれたカンブリア紀とはエライ違いだ。

オイラが生まれたカンブリア紀は
強い生物が、弱い生物を食べる
弱肉強食がはじまった時代だよ。

ボヤボヤしていると食べられちゃうから、
仲間たちも、強くなって食べる側になるか？
逃げ足を速くして、逃げる側になるか？

とにかく進化しないと
生きていけない時代だったんだ。

それは、もう大変な時代だったんだ。

オイラだって、ひどい目にたくさんあったぞ。

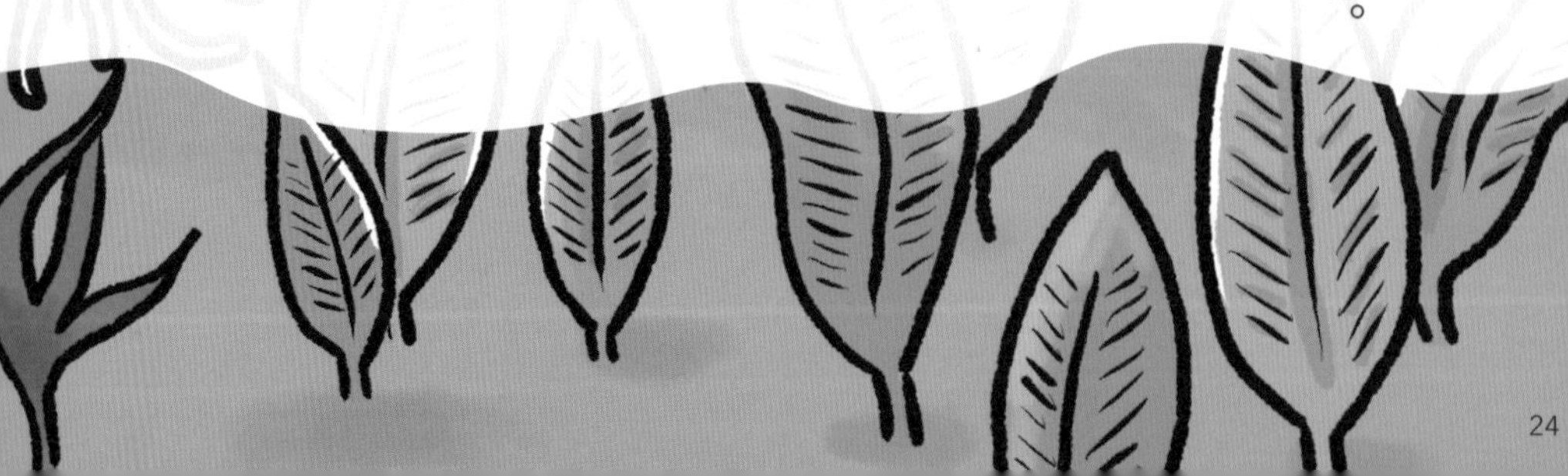

生物たちのドラマは先カンブリア紀からはじまった

次のページから
オイラがニンゲンになるまでの
5億年で体験した
ピンチのドラマを紹介するよ。

生き物たちの弱肉強食がはじまる。
海の中は食うか、
食われるか、の世界。

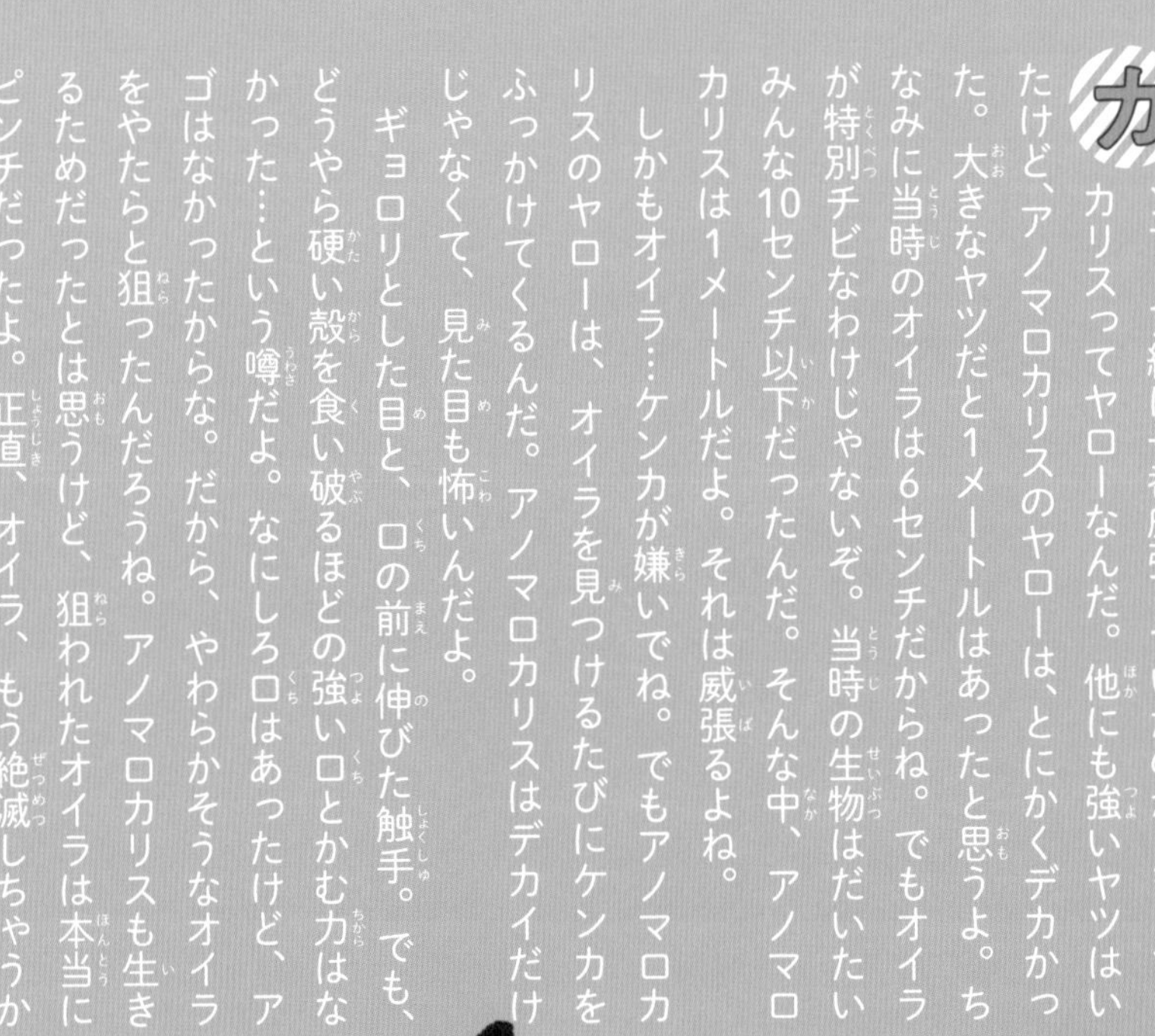

カンブリア紀に一番威張っていたのが、アノマロカリスってヤローなんだ。他にも強いヤツはいたけど、アノマロカリスのヤローは、とにかくデカかった。大きなヤツだと1メートルはあったと思うよ。ちなみに当時のオイラは6センチだからね。でもオイラが特別チビなわけじゃないぞ。当時の生物はだいたいみんな10センチ以下だったんだ。そんな中、アノマロカリスは1メートルだよ。それは威張るよね。

しかもオイラ…ケンカが嫌いでね。でもアノマロカリスのヤローは、オイラを見つけるたびにケンカをふっかけてくるんだ。アノマロカリスはデカイだけじゃなくて、見た目も怖いんだよ。

ギョロリとした目と、口の前に伸びた触手。でも、どうやら硬い殻を食い破るほどの強い口とかむ力はなかった…という噂だよ。なにしろ口はあったけど、アゴはなかったからな。だから、やわらかそうなオイラをやたらと狙ったんだろうね。アノマロカリスも生きるためだったとは思うけど、狙われたオイラは本当にピンチだったよ。正直、オイラ、もう絶滅しちゃうかも…って何度も思ったよ。

オイラは逃げることに徹したぞ！

逃げて逃げて逃げ回ったんだ！

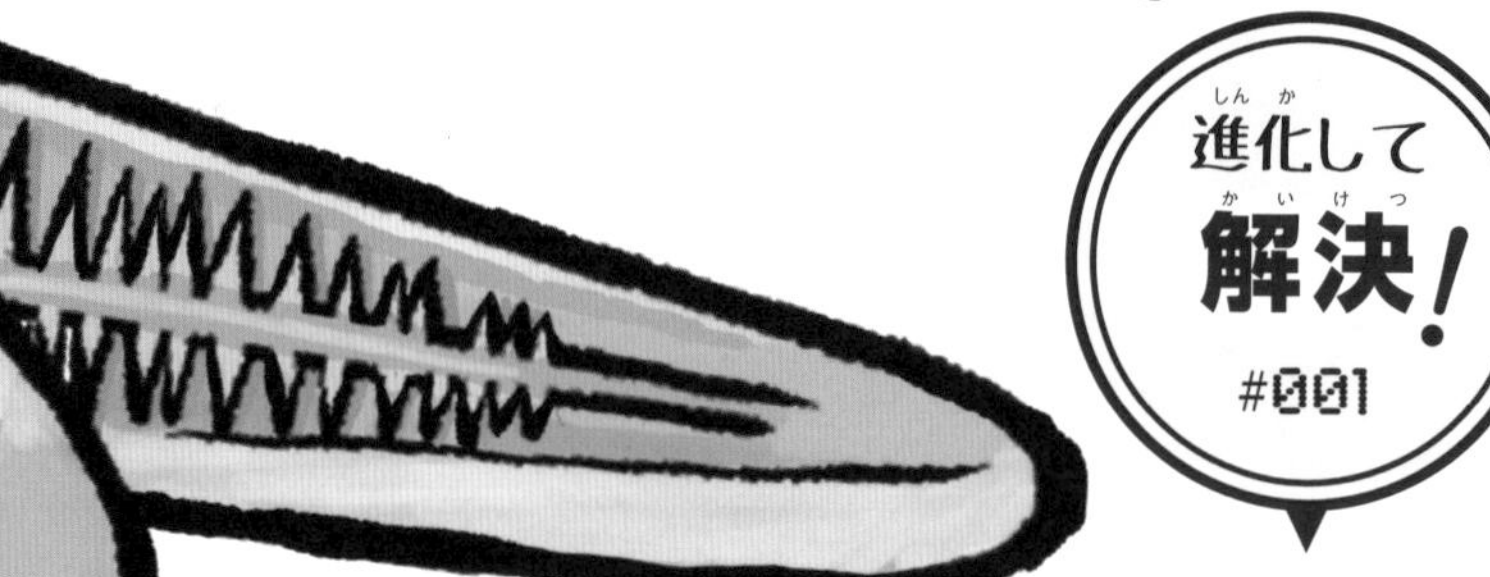

進化して解決！
#001

【ピカイア】

全長約6センチ

形は今のナメクジに似ている。弱肉強食がはじまったカンブリア紀は、体の外側が硬い殻で覆われた生物が多いが、ピカイアは硬い殻を持つかわりに、体の内部に「脊索」と呼ばれる背骨のような芯を持っていた。この「脊索」が進化して「脊椎」になったといわれているが、諸説ある。

分類：脊索動物　全長：約６センチメートル

アノマロカリスのヤローに、何度ケンカをふっかけられても、オイラ挑発には絶対にのらなかったぞ。なにしろオイラ…ケンカ弱いからな。ケンカをふっかけられるたびに全力で逃げたんだ。

幸いオイラには背骨のような芯があったからな。逃げ回っているうちに進化してできたのか？ 進化できたから逃げ回れたのか？ 今となってはオイラにもわからないけど、オイラの逃げ足はカンブリア紀では、トップクラスの速さだったと思うぜ。なにしろ当時、これをゲットしていた生物は、オイラの他には、ごくわずかな仲間たちだけだからな。オイラはゲットしたおかげで、誰よりも素早く逃げることができた。だからこそ絶滅することなく、次の世代に遺伝子のバトンを渡すことができたんだ。

進化して
ゲットしたアイテム

脊索

オイラは逃げることに
専念したけど
食べる側に進化した
アノマロカリスのヤローの
生きざまは凄かったぞ!

背骨のような芯をゲットして
逃げのスペシャリストに進化!

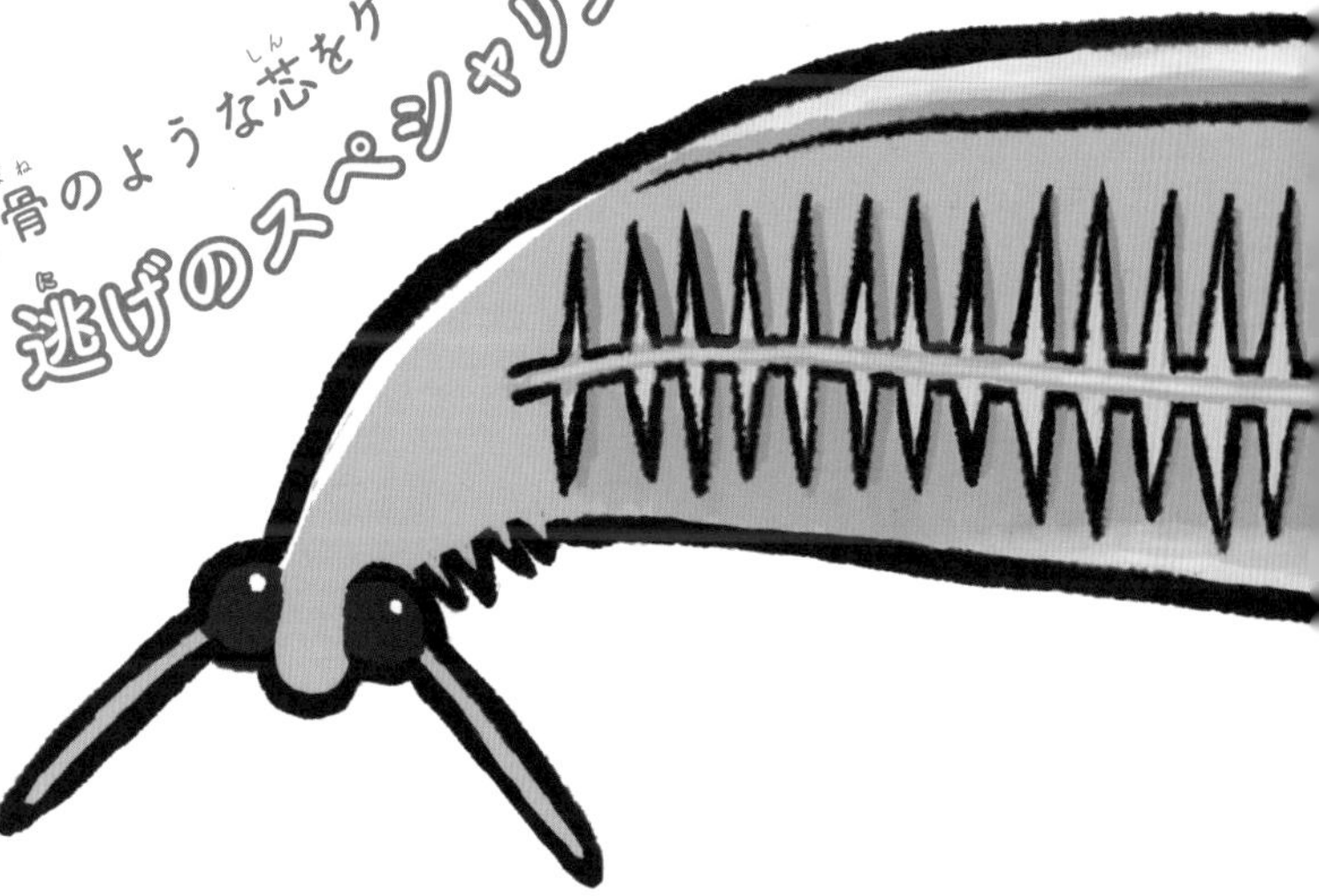

カンブリア紀
オルドビス紀
シルル紀
デボン紀
石炭紀
ペルム紀
三畳紀
ジュラ紀
白亜紀
古第三紀
新第三紀

カンブリア紀 **最強生物**

オレは逃げるなんてご免だね。強く大きく進化してカンブリア紀の頂点に君臨してやったぜ!!

みんなオレのことをアノマロカリス…なんて名前で呼ぶけど、実はオレには仲間がいたんだ。まぁ〜兄弟というか親戚みたいなもんだ。オレの本名はアノマロカリス・カナデンシス。長いからアノマロカリスでいいぜ。仲間にはアムプレクトベルア・シムブラキアタや、フルディア・ビクトリアなんかがいたんだけど、どうだ…、名前が難しくて覚えられないだろう。だからオレの名前だけ覚えていればいい。

全長約1メートル

カンブリア紀で圧倒的な巨体を誇っていた。最大で1メートルに迫るといわれているが、実際には1メートルまで成長する個体は少なかった。巨体の他に獲物を見つける「目」まで持っていたカンブリア紀の最強生物。目というと、カンブリア紀にはオパビニアという目が5つもある生物も生息していた（92ページ）。

分類：節足動物　全長：約1メートル

【アノマロカリス・カナデンシス】

オレは逃げ回る人生なんてイヤだったから、ドンドン強くなる方向に進化したんだ。そしてデカくもなった。みんな、オレのことを見かけると一目散に逃げていきやがった。とくにピカイアの逃げ足は速かったな〜。あいつは文句なく俊足だったぜ。逃げてばかりのダサいヤツ…なんて思った時期もあったけど、あそこまで逃げ足が速いと、ややリスペクトだな。まぁ〜あの逃げ足の速さも、オレが怖すぎたからこそ、身についたんだろうけどな。

自分でいうのもなんだけど、オレは強くなりすぎた。見渡す限りの広い海で、オレに逆らうヤツなんて誰もいなくなった。みんなオレを怖がるんだ。だからオレは自惚れていたのかもな。強さの頂点を極めてからのオレは、努力を怠っていたのかもな〜。

環境ってヤツは変わるもんだよ。気がつけば地球の環境も変わってオレはあっけなく絶滅さ。でもよ〜、後悔なんてしてないぜ。カンブリア紀最強の称号をいただいたオレ様の生きざまに後悔はない。それなりに楽しかったぜ。

アッレ〜住む場所がドンドン狭くなっているよね？

カンブリア紀が終わって、オルドビス紀って呼ばれる時代になったら、地球環境が大きく変わりはじめたんだ。当時、オイラたちが生活していたのはイアペトゥス海っていう海だったんだけど、この海がドンドン狭くなってね。イアペトゥス海は四方が大陸に囲まれた

浅い海でね〜、太陽の光が届く快適な生活環境だったんだ。だけど…四方を囲っていた大陸が、ズンズンと近づいてきた。理由は大陸プレートの移動らしいぞ。このときほど、地球は生きているって実感したことはないな〜。

当時、オイラたち生物は、そのほとんどがイアペトゥス海で生活していたんだ。生活場所が狭くなったから、もう大変。オマエあっち行け〜ってね。縄張り争いが激化して戦争だよ。オイラだって呑気にピカイアのままでいるわけにはいかなくなったんだ。いろいろな生物に進化して、なんとか遺伝子のバトンをつなぐのに必死だったぞ。オイラにとって地獄の時代だね。

さらに追い打ちをかけるように、オルドビス紀が終わって、シルル紀って呼ばれる時代になると、四方の大陸がぶつかって、なんと…イアペトゥス海が消滅しちゃったんだ。絶体絶命だよ。このときにオイラ思ったんだ…このままじゃダメだって。オイラだっていつまでも、気弱で逃げることしかできない生物のままじゃダメだぞって。強くなって仲間の縄張りを奪ってでも生き延びてやるって思ったんだ。オイラはかつてのアノマロカリスのヤローのように、強くなるんだって誓ったんだ。

ニンゲンまであと4億1000万年

誰よりも強くなって縄張りを広げてみた！

でもね…

【ダンクルオステウス】

このときのオイラは進化してダンクルオステウス…なんて名前で呼ばれていたんだ。強そうな名前だろ。ピカイアだった頃の面影はもうないぞ。大きさだってオイラの記憶によると10メートル近いぞ。

時代はデボン紀。オイラがピカイアだった時代から約1億〜2億年経っているんだ。オイラ、ついに強くなったぞ。かつてのアノマロカリスのヤローみたいに、オイラを見るとみんな逃げていったよ。なにしろオイラには強いアゴがあったからな。最強だったアノマロカリスにも口はあったけど、アゴはなかったぞ。強いアゴと歯のように見える骨の板で、なんだって真っ二つさ。性格だって弱虫じゃないぞ。みんなはオイラのことを獰猛だ…なんて噂していたよ。オイラもついつい調子に乗ってね…みんなのことを脅かして、みんなの縄張りを奪ってさ…。オイラ完全に油断していたんだ。オイラは最強だぁ〜なんて自惚れていたら、地球環境がさらに変化して、その変化についていけなくてさ〜。オイラ…実はこの時代に一度絶滅しちゃったんだ（涙）。でもオイラはアノマロカリスのような、真の暴れん坊じゃないだろ…。なにしろ元々は、逃げのスペシャリストと呼ばれていたピカイアだからな。遺伝子レベルで用心深いんだよ。ちゃんと別の手も打っていたのさ。

全長6〜10メートル

アゴがあったダンクルオステウスのかむ力は強靭で、現代のホホジロザメよりも強かったといわれている。頭部から胸部までが分厚い装甲板のような外骨格で覆われていた。性格は獰猛そのもので、当時の海の覇者だった。正確な全長は判明していないが、一部発見されている化石から、6〜10メートルはあったと考えられている。

分類：脊椎動物・板皮類
全長：6〜10メートル

- カンブリア紀
- オルドビス紀
- シルル紀
- **デボン紀**
- 石炭紀
- ペルム紀
- 三畳紀
- ジュラ紀
- 白亜紀
- 古第三紀
- 新第三紀

くるしい〜〜！酸素、うすいよね!!

絶滅したのに…なに？　って思ったでしょう。そうだよね。オイラ、ダンクルオステウスのときに、しくじって絶滅したんだよね。でもね〜用心深いオイラは、ダンクルオステウスという方向以外に、念

生活していた海が消滅して
川へ逃げ込んだら
そこは酸欠地獄だった。

のために違う方向にも進化していたんだよね～。なにしろオイラ、元々は逃げのピカイアだろ…自分でもダンクルオステウスのような、獰猛キャラはちょっと違うかな～？　なんて思っていてね。ここで紹介する物語は、オイラがダンクルオステウスとは別方向の進化途中で経験したピンチの話だぞ。

時代はダンクルオステウスと同じデボン紀。このときのオイラは、後にユーステノプテロンって呼ばれる生物に進化する途中だったんだ。それまで生活していたイアペトゥス海が狭くなったとき、オイラは川に逃げたんだ。でもさ、行ってみて初めてわかったけど、川には水草がたくさん生えていて、バクテリアも一杯いるんだ。あいつら、めちゃくちゃ酸素消費するんだぞ。おかげでオイラは酸欠で苦しいのなんのって…。せっかく川に逃げたのに、もはやこれまで…って思ったもんだよ。

ニンゲンまであと**3億8000万年**

エラ呼吸では無理！ 肺呼吸を試してみたぞ！

いつまでも水中の世界に
固執していないで
思い切って地上の空気を吸ってみた。

進化して
解決！
#003

【ユーステノプテロン】

全長約1メートル

肉鰭類に分類される魚。肉鰭類とはヒレが肉厚で、ヒレの中に骨がある魚のこと。見た目は魚そのものだが、ヒレの中に陸上四足動物の足のように動く腕を持っていた。さらに尾の先端近くまで骨が伸びており、この特徴はトカゲなどの爬虫類と似ている。陸上動物への進化の直前の姿と考えられている。

分類：脊椎動物・肉鰭類　全長：約1メートル

ユーステノプテロンに進化したオイラの見た目は、魚そのものだけど、実は単なる魚じゃなかったぞ。今じゃ〜記憶も曖昧だけど、あの頃のオイラは明らかに地上…という世界を意識しはじめていた気がする。なにしろ水中で散々ひどい目にあって、水の中の世界にうんざりしていたのもあるけど、水面の外側の世界ってどんなだろうな〜って妄想する日が増えていたな〜。

そんなことを日々考えていたら、オイラに肺ができたんだ。それは偶然なのか？　酸素不足で辛くても、あきらめずに頑張ったから、神様がプレゼントしてくれたのか？　オイラにもわからないけど、肺をゲットしたオイラは水中ではない、水面の外側の世界で空気を吸うことができるようになったぞ。新しい世界とのご対面だ。オイラは本当に感動したよ。あのときの空気は新鮮だったな〜。

あとコレはヒミツだけど、ユーステノプテロンになったオイラ、どこからどう見ても、魚にしか見えない体の中に、陸上四足動物の足を構成する骨を隠し持っていたんだ。どうだ…すごいだろ！　ビックリしただろう!!

進化してゲットしたアイテム

脊椎＋アゴ＋**肺**

辛すぎる水中生活に
見切りをつけて、
オイラはいいよいよ
陸を目指したんだ。
上陸すればいいことがある…
って信じていたんだけどね。
激闘編
ピカイアからニンゲンまでの5億年のドラマ

PART 2
陸上

地球の変化

デボン紀

巨大昆虫が繁栄

石炭紀

3億5800万年～2億9900万年前！

高さ40メートルを超す巨木が繁栄した大森林時代でもある。恵まれた森林環境の中で、羽を広げたサイズが70センチを超えるメガネウラ（98ページ）という巨大トンボや、アースロプレウラ（100ページ）という全長2メートルのムカデやヤスデに近い生物も生息していた。石炭紀は巨大植物が多かったため、地球上の酸素量が多く、昆虫の巨大化が進んだといわれている。また爬虫類が出現して、動物たちの陸上への進出が加速した時代でもある。

生物の約95パーセントが死滅

ペルム紀

2億9900万年～2億5200万年前！

石炭紀に繁栄していた巨木森林がなりをひそめて、広大な乾燥砂漠地帯が出現。すべての大陸がひとつにつながった「パンゲア超大陸」という大きな陸地が存在していた。広大な大陸なので内陸部は海から遠く、海から立ち昇る水蒸気で作られた雲が届かなかった。そのため内陸部では雨がまったく降らない過酷な乾燥地帯が広がっていた。ペルム紀の末期には生物の約95パーセントが死滅した大規模な火山活動が起きた（116ページ）。

陸上激闘時代の

ジュラ紀

大型恐竜全盛時代

2億100万年～1億4500万年前！

巨大な「パンゲア超大陸」が南北に分裂し、大陸の間を暖流が流れたことにより、気候が温暖になった。地上は巨大シダ植物やソテツが繁栄しやすい環境となった。また恐竜が最も繁栄した時代でもあり、恐竜たちの大型化が進んだ。全長30メートルクラスの恐竜たちが地上を練り歩いていた。

三畳紀

爬虫類や恐竜が登場

2億5200万年～2億100万年前！

地球の乾燥化が加速した時代。乾燥に強い爬虫類が繁栄した時代でもある。イカロサウルスのように、体の膜を広げて滑空する爬虫類もいた。また、恐竜や哺乳類が登場した時代でもある。

1億4500万年～6600万年前！

大陸の分裂が進み、それぞれの大陸は複雑な地形となる。分裂した各大陸で生物が独自に進化した時代でもある。大陸ごとに進化した恐竜たちは多様化した。白亜紀後期になると巨大な隕石が地球に衝突。衝突の衝撃で舞い上がったチリとホコリが地球全域を覆い、太陽の光が届かない過酷な時代を迎える。このときに生物の約70パーセントが消滅した（120ページ）。

6600万年～2300万年前！

恐竜たちが姿を消して、かわりに哺乳類が繁栄した時代。地球の温暖化が進み、地球全体が熱帯雨林のような状態になる。広葉樹が地球規模で繁栄して樹冠ができる。南極大陸には、まだ氷床は存在していなかった。

陸上激闘時代の地球の変化

人類の祖先と考えられる猿人が誕生

新第三紀

2300万年～260万年前！

温暖だった気候が乾燥して、しだいに寒冷化に向かった時代。アフリカ大陸に砂漠とサバンナが出現する。人類の祖先である猿人が登場した。インドとアジア大陸が衝突してヒマラヤ山脈が出現。ヒマラヤ山脈の出現が、当時の地球の気候と環境に大きな影響を及ぼした。

地球の大部分が熱帯雨林に覆われる

古第三紀

にぎ

にぎ

ピンチ
#004
誰か…
あの巨大で狂暴な
生物を止めてくれ〜
オイラはもう
浅瀬に逃げるしか
ないじゃん！
ザ
逃げ込んだ先の川で
巨大で狂暴な生物が出現。
またしても過酷な
縄張り争いが勃発！

時代は引き続きデボン紀。川に逃げ込んで肺をゲットしたオイラ。酸欠とは無縁の平和な日々を送っていたら、目の前からイカツイ巨大生物が…。正直、川でも乱暴者の出現かよ～ツイてないな～って思ったよ。今度の乱暴者はハイネリアって名前なんだ。

当時ユーステノプテロンだったオイラの4倍は大きかったと思うぞ。当時のオイラが1メートルだから、ハイネリアの全長はざっくり4メートル以上だな。口には歯がビッシリ。歯の長さは8センチだぞ。いくらなんでも怖すぎだよ（涙）。しかもオイラ、もうピカイアじゃないから、逃げ足だってそんなに速くなかったんだ。だからオイラ頭を使って、川の浅瀬に逃げたんだ。ハイネリアはデカすぎるからな、浅瀬までは追ってこないだろうって考えたオイラの頭脳の勝利…って思うでしょう。

でもね、ハイネリアってスゴいんだよ。骨が通った厚い前ヒレを使って、浅瀬まで這い上がってくるんだ。乱暴者のクセにしつこくてね、ネチっこいヤローだよ。カラダはデカイし顔も怖いし、その上浅瀬まで追ってくるし。オイラ、ハイネリアが本当に大嫌いだったぞ。

その大嫌いなヤツに浅瀬まで追われる、オイラの気持ち、わかってもらえるかな。

あの8センチの歯でかみつかれたら、すごく痛いだろうな～って考えると、涙が止まらなかったぞ。もう絶滅しちゃってもいいから、痛いのだけはやめてぇ～、って浅瀬で震えていたぞ。

ニンゲンまであと3億6500万年

もうね…このさいだから陸に上がってみようかな～って本気で考えたよ！

こんなオイラを救ってくれたのは、でっかい木だぞ。デボン紀に生えていた、アルカエオプテリスっていう巨木で、高さ約20メートルもあったんだ。この木が、川の浅瀬に枝ごと葉っぱを落とすんだ。川に落ちた枝も大きいから最初はじゃまだな～って思ったけど、オイラ落ちた枝の中に上手に隠れたんだ。枝の中に隠れたオイラのことは、ハイネリアも簡単には見つけられなかったぞ。ザマーみろ！

でもオイラ臆病だからな。ハイネリアのおっかない歯にかみつかれることを考えたら、枝の森から出られなくなっちゃってね。枝の森で生活していると、泳ぐよりも枝の上を歩いた方が速いんだ。気がついたらオイラ、前足があったんだよ。このときのオイラはイクチオステガなんて名前で呼ばれるようになっていたぞ。

せっかく前足があるからね…前々から興味があった陸にでも上がってみようかな～って思ってね。勇気を出してチャレンジしてみたけど、そのときはあまりの苦しさから、257歩で倒れちゃってね。本当に辛かったぞ。でもオイラ頑張ったんだ。

あのときの257歩の足跡は今の地球にも残っているぞ。スゴいだろ～。生物が最初に陸に上がった257歩だぞ。あの足跡…オイラのなんだよね～。

【イクチオステガ】

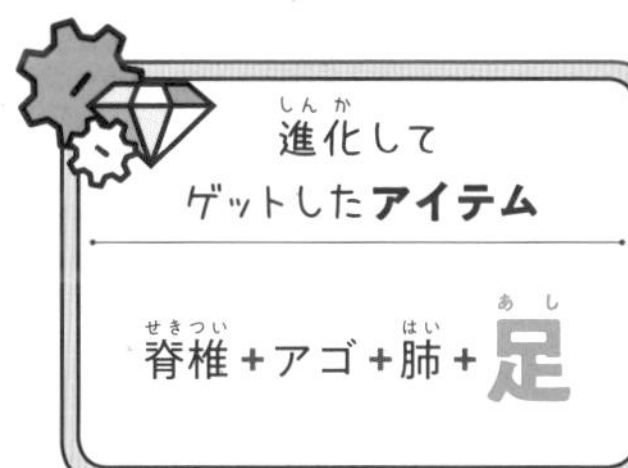

体長約1メートル

がっちりとした四肢と、頑丈なろっ骨を持っている。だが、後ろ足はヒレのような形をしており陸上での生活には不向きで、動きにはかなりの制約があったと考えられる。初期に上陸した生物であると認識されているが、大きな尾ビレから生活の主体は水中の方が自然だと考えられる。いずれにしても、この時代の生物たちは、いまだに謎に満ちたわからない部分が多い。

分類：脊椎動物　**体長**：約1メートル

カンブリア紀
オルドビス紀
シルル紀
デボン紀
石炭紀
ペルム紀
三畳紀
ジュラ紀
白亜紀
古第三紀
新第三紀

② もう無理！頑張って上陸したのに、酸素がどんどん薄くなっていく〜

57歩からスタートしたオイラの上陸大作戦だったけど、時間が経つとともに陸上生活がすっかり板についてね。気がついたらデボン紀が終わって、石炭紀を経て、ペルム紀って呼ばれる時代になっていたぞ。オイラがピカイアだった頃から、約3億年が過ぎていたんだ。

　この頃になると…アレッ、オイラって昔は海で生活していたんだっけ？　なんて思うようになっ

生物の約95パーセントが死滅したペルム紀の大噴火で地球は火の海。膨大なマグマが酸素を大量消費。

てね。もう立派な陸上生活者だぞ。

あれは確か、オイラがすっかり陸上生活になれたペルム紀だったかな。火山が大爆発したんだ。マグマが2キロメートルの高さまで噴き上がる大爆発だぞ。火山灰と煙で太陽だって見えないんだ。でも、一番キツかったのは酸素不足だぞ。知っているか？ 火って燃えるときに酸素を使うんだ。なにしろ大量のマグマが燃えているからな。地球全体が絶望的な酸素不足になったんだ。

噂によると、それまでの地球と比較して、酸素濃度が10パーセント以下になったらしいぞ。あまりの苦しさに耐え切れず、このときにオイラの仲間の95パーセントが絶滅したんだ。

オイラもさんざんひどい目にあってきたけど、正直、このときが一番キツかった。せっかく肺をゲットして、足もゲットして地上での生活を満喫していたのに、空気が全然吸えないんだ。あまりの苦しさに、もう絶滅したい…なんて弱気になった日だってあるぞ。苦しくて、苦しくて、苦しすぎて、もう涙だって出なかったんだぞ。

ニンゲンまであと2億5000万年

オイラは横隔膜をゲットして大量に酸素を体内に送り込めるようになったぞ！

【トリナクソドン】

全長約45センチ

現代の南アフリカから南極にあたる地域に生息していた。腹部のろっ骨が消失して、腹部がやわらかくなったことにより横隔膜ができて、腹式呼吸が可能になったと考えられている。そのため、ペルム紀の大噴火の影響で低酸素化した地球でも生き延びることができた。一説によると哺乳類の祖先ともいわれている。

分類：単弓綱・獣弓目　全長：約45センチメートル

横隔膜って知ってるか？　呼吸のときに使う器官だぞ。横隔膜があると、腹式呼吸もできるらしいぞ。実はオイラもよくわかってないけど、横隔膜があると、酸素を一度に大量に吸い込めるらしいぞ。もちろんニンゲンにも横隔膜はあるぞ。

オイラ…ペルム紀の大噴火を乗り切ったんだ。約95パーセントの仲間が絶滅した大惨事を、なんでオイラが乗り越えられたのか？　それは、オイラが横隔膜ってのをゲットできたからだぞ。薄い酸素濃度でも、大量に空気を肺に送り込むことができる横隔膜のおかげで、オイラは大噴火を生きのびたんだ。

ペルム紀が終わって三畳紀っていう時代になったとき、オイラはトリナクソドンって名前で呼ばれるようになった。もう水中で生活していた頃の面影はどこにもないぞ。壮絶な大噴火を乗り越えたオイラだけど、まだまだ弱気キャラ継続中だ。

大噴火を生き延びた5パーセントの生物の中には、かつてのアノマロカリスやハイネリアのような暴れん坊もいたけど、弱いオイラだって大噴火を生き延びた5パーセントの生物なんだ。もう威張っているヤツらを見ても、かつてのように泣いたりはしなくなったぞ。

GET〜！

グッ

進化してゲットしたアイテム

脊椎＋アゴ＋肺＋足
＋**横隔膜**

寒いよ〜
お腹すいたよ〜
つらいよ〜
巨大隕石が地球に衝突。
寒さと飢えで生物たちの
約70パーセントが絶滅！
！
ピンチ
#006
三畳紀が終わると、時代はジュラ紀に突入したぞ。いよいよ有名な恐竜たちの時代だ。スター級の生物がたくさん誕生したジュラ
さむい!!

紀だけど、恐竜たちはジュラ紀の次の時代の白亜紀に絶滅しちゃったぞ。一説によると一部の恐竜たちは鳥に進化した…なんて噂もあるけど、オイラもよくわからないんだ。なにしろ白亜紀にひどいことが起きたからな。オイラだって生きるのに必死だったんだ。

白亜紀になにが起きたか？　それは…でっかい隕石が地球に衝突したんだ。直径15キロメートルくらいの隕石だぞ。そのときの衝撃で、地球はチリとホコリに覆われた。太陽が見えなくなって、すごく寒かったんだ。植物たちも枯れちゃったし…。食べものがなくなって、みんなお腹がペコペコだったぞ。

さらに大変だったのが、当時のオイラたちは、子どもをタマゴで産んでいたんだ。でも…寒すぎてタマゴがふ化しなくなっちゃってな。子どもがいないと絶滅しちゃうだろ。寒いし、お腹はすくし、子どもは育たないし。このときにオイラの仲間の70パーセントが絶滅したぞ。地球って過酷だな。

さむっ

ぐぅ〜

カンブリア紀
オルドビス紀
シルル紀
デボン紀
石炭紀
ペルム紀
三畳紀
ジュラ紀
白亜紀
古第三紀
新第三紀

タマゴ産むのをやめてお腹の中で育てて、子どもを産んでみたぞ！

【エオマイア】

体長約10センチ

姿は現在のネズミに似ている。ブタやネコ、イヌ、そしてニンゲンを含む、有胎盤類の祖先にあたる生物、あるいはその近種と考えられている。だが有胎盤類の最古の祖先はジュラマイアという別の生物だという説が現在は濃厚。

分類：哺乳類・有胎盤類　体長：約10センチメートル

恐竜全盛時代の中 体長10センチの 省エネボディで 過酷な環境を生き抜いた！

ジュラ紀から白亜紀までは恐竜全盛時代だったぞ。恐竜ってデッカイだろ。でもデカイとたくさん食べないとダメなんだ。当時のオイラは時代に逆らうように、小さく進化したぞ。

白亜紀の頃のオイラは、エオマイア…なんて名前で呼ばれていてね、どうやら哺乳類の祖先の一種だったらしいぞ。なにしろエオマイアだった頃、オイラの種族のメスたちは胎盤をゲットしたからな。胎盤があるとタマゴじゃなくても子どもが産めるんだぞ。

しかも当時のオイラは体長10センチ程度…まわりはデッカイ恐竜だらけだったけど、オイラは小さかった。それが良かったんだ。巨大隕石が衝突して氷河期になったとき、小さいオイラは少ない食べ物でもガマンできたぞ。しかもメスが胎盤をゲットしたから、寒くたってお腹の中で子どもが育ったぞ。

70パーセントの仲間たちが絶滅した過酷な時代に、オイラが遺伝子のバトンをつなげた理由は、メスがゲットした胎盤と、体の小ささだったような気がするぞ。

進化してゲットした**アイテム**

脊椎＋アゴ＋肺＋足＋横隔膜＋**胎盤**

またかよ～今度は頭がいい乱暴者の出現だ！

ピンチ
#007

長かった氷河期が終わると集団で狩りをするハイエノドントが地上の覇者となった。

ピカイア時代からのオイラは、変化する地球環境に苦しめられて、地球が安定した頃には、決まってオイラをイジメる乱暴者が出現したんだ。本当にその繰り返しだったぞ。
長くて苦しい氷河期が終わったときもそうだった。当時現れた乱暴者は、ハイエノドントっていうヤローなんだけど、このハイエノドント…あまりにも強すぎるんだ。なにしろ地上の覇者になる前に、ディアトリマっていう、おっかない鳥の化け物を倒しているからな。

ディアトリマは体高約2メートル、体重約200キロの恐竜みたいな迫力がある鳥だったぞ。群れをつくらないで、いつだって一羽で行動していたぞ。乱暴者だけどちょっとカッコ良かったな。

一方のハイエノドントは群れで行動して、群れでケンカを仕掛けるんだ。強いけど卑怯だな〜って思ったよ。でもヤツらの攻撃力はハンパないんだ。かつての乱暴者アノマロカリスとも雰囲気が全然違うぞ。冷酷無残な集団リンチだよ。訓練されたプロの乱暴者集団…しかも頭もいい。オイラから見ると、ハイエノドントはそんなヤツらだったんだ。

オイラは必死で次の逃げ場所を探したよ。逃げ場所がなかったらオイラもついに絶滅だな〜って覚悟したぞ。なにしろハイエノドントは、あのディアトリマを絶滅に追い込んだヤツだからな。

ニンゲンまであと5500万年

オイラは生活場所を木の上に移したぞ！

地球に初めて樹冠と呼ばれるジャングルができた。

進化して解決！ #007

にぎ

にぎ

親指をゲットして枝をつかんで樹上生活がスタート！

体長約15センチ

親指が他の指に対して向き合った状態になっている。物を器用につかめるようになった最初の生物といわれている。霊長類の祖先であると考えられており、樹冠の上で生活をして、物がつかめる手足で細い枝をつかんで、木の実や果物を食べていたと思われる。

分類：哺乳類・プレシアダピス目

体長：約15センチメートル

時代は古第三紀だぞ。この頃になると、広葉樹っていう、実をつける木が大繁栄したんだ。木と木が密集したいわゆるジャングルだな。ハイエノドントは木に登れないからな。オイラは木の上に逃げることにしたぞ。

当時のオイラはカルポレステスなんて名前で呼ばれていてね、体長わずか15センチだったぞ。

気がついたらオイラには親指があったんだ。親指があると物がつかめるからな。親指をフルに使って、枝をつかみながら、木に登ったぞ。

木の上は快適だったな〜。木の実はあるし、果実もあるし。天敵のハイエノドントは登ってこないし。

当時の森は豊だったぞ。広葉樹と広葉樹が重なり合って、樹冠って呼ばれる世界が作られていたんだ。木から一切おりないで生活できるくらい豊だったんだぞ。オイラにとっての至福の時代だな。

ニンゲンにも親指ってあるだろ。いっとくけど、親指を最初にゲットしてて物がつかめるようになったのは、カルポレステスだった頃のオイラだからな。スゲーだろう。

【カルポレステス】

進化してゲットしたアイテム

脊椎＋アゴ＋肺＋足

＋横隔膜＋胎盤＋**親指**

樹上生活で思ったけど、オイラの目って、視野は広いけど距離感がつかみにくいな

オイラすっかり樹上生活が気に入ってね。完全に樹上に引っ越したんだ。樹上に引っ越して思ったけど、オイラの

届かないぃぃぃ～

ピンチ
#008

目って、樹上生活に向いてないみたいだぞ。今まではオイラ、地上で生活していただろ。地上にはハイエノドントのような乱暴者がたくさんいるからな。いつもビビリながら周囲を警戒していたぞ。だからオイラ広い範囲を見ることは得意だったんだ。視野が広いとはオイラのことだぞ。

でも樹冠での生活では、周囲が葉っぱや枝だらけだからな、広範囲なんて見渡せないぞ。見えるのは枝と葉っぱだけだぞ。しかもオイラの目…モノを立体的にとらえることが苦手でね。地上で生活しているときには、不自由を感じなかったけど、樹上生活では、モノが立体で見えないと致命的だぞ。木から木に飛び移るときも、おっかなびっくりだよ。なにしろ正確な距離がわからないからな。木にぶつかったりしてな。どうだ…オイラかわいそうだろう。でも、今までに経験してきたピンチに比べたら、今回のピンチはかなり軽めだけどな。

樹冠の出現によって本格的に樹上生活がスタート。もはや地上におりる必要はなくなった。

ニンゲンまであと5000万年

目の位置が変わったぞ。コレで距離感もバッチリだ！

立体視をゲットして距離感も完璧。完全なる樹上生活スタイルを確立。

時代は引き続き古第三紀だぞ。当時のオイラは、ショショニアスなんて名前で呼ばれていた。体長は10センチ程度だったぞ。

ショショニアスになったオイラの顔は、ちょっとだけニンゲンに近かったぞ。なにしろ目が顔の前についていたからな。まぁ〜、見た目はサルそのものだけどな。目が顔の前についている、ニンゲンスタイルになったのは、ショショニアスだったオイラが生物初だぞ。

オイラって、やっぱりスゴイだろう。

目が顔の前に移動してくれたおかげで、オイラ距離感がつかめるようになったんだ。立体視ができるようになったぞ。そのかわりに視野は狭くなったけどな。でもオイラ、もう地上におりる気はなかったから、視野の狭さなんて気にしないぞ。

この頃のオイラ…本当に幸せだったな。楽しくてね〜。でもねオイラ、わかっているんだ。地球はそんなに甘くないって。地球の環境はつねに変化するぞ。楽しい樹上生活だって長くは続かない…そんな予感と覚悟は、いつだってあったぞ。

進化してゲットしたアイテム

脊椎＋アゴ＋肺＋足＋横隔膜＋胎盤＋親指

＋立体視

体長約10センチ

顔が平たくなって、目が顔の前面にある生物。その結果、立体視を獲得。立体視を獲得したことにより、距離感が正確につかめるようになった。樹冠生活において、木から木へ飛び移ることが容易になったと推測される。真猿類の祖先と考えられている。

分類：哺乳類・霊長目（サル目）・オモミス類

体長：約10センチメートル

ピンチ #009

地球の砂漠化がはじまったぞ

オイラが生活していた樹冠が減っていく～

ワ～～ン

地球全域に広がっていた広葉樹が激減。アフリカ大陸に広大な砂漠とサバンナが出現！

また地球環境が大きく変化したぞ。原因は大陸プレートの移動らしいぞ。大陸が移動して環境が変わって、地球全域に広がっていた広葉樹の森が激減した。オイラの生活場所が、また減少したんだ。もう、馴れっこだけどな。

当時のオイラの体は完全に樹上生活にマッチした状態に仕上がっていたからな。再び地面に戻ったところで、いたるところに不都合が生じたぞ。なにしろオイラの目、立体視には向いているけど、かつてのような、広い視野はなくなっていた。陸上生活には不向きだったんだ。当時の陸上にも、乱暴者はたくさんいたからな。

樹冠からサバンナに放り出されたオイラは、途方に暮れたんだ。それに…この頃のオイラ、5億年の疲れがどっと出たのかな、なんか記憶が曖昧なんだよな～。

今から約400万年前

気がついたらオイラは両足で地面に立っていたぞ！

アフリカ大陸でついに人類の歴史が幕を開けた！

進化して解決！ #009

【アウストラロピテクス】

実はオイラ、この頃の記憶が曖昧なんだ。樹冠を追い出されたオイラは、乱暴者を警戒して、遠くを見ようと背伸びをしている間に両足で立ったのか？　オイラはいつ両足で歩いたのか？　あまり覚えていないんだ。ただ、この頃のオイラがニンゲンに近づいていたのは間違いないぞ。当時のオイラはアウストラロピテクスなんて呼ばれていたからな。今から約400万年前の話だぞ。たったの400万年前だぞ…。オイラがピカイアだった頃からの5億年の歴史から考えると、本当に最近だぞ。オイラの感覚だと、ついこの間だよ。でもな～、なぜか記憶が曖昧なんだ。オイラが動物からニンゲンに進化する頃だからな～。ニンゲンってアレコレといろいろ考えるだろ。だから頭が急激に疲れたのかもな～。ニンゲンって大変だよな。

でもオイラ本気で思っているぞ。まだまだ、これからも地球環境は変化するって。あとな…オイラすごく心配していることがあるぞ。

オイラが大昔に、ダンクルオステウスっていう名前の生物に進化したとき、当時の最強生物になって、一度絶滅しているだろう。5億年間のオイラの経験によると、その時代の最強生物になって油断したヤツは必ず絶滅している。いいか…必ずだぞ…。

ニンゲンは大丈夫だよな。最強になって油断している…なんてことはないよな。

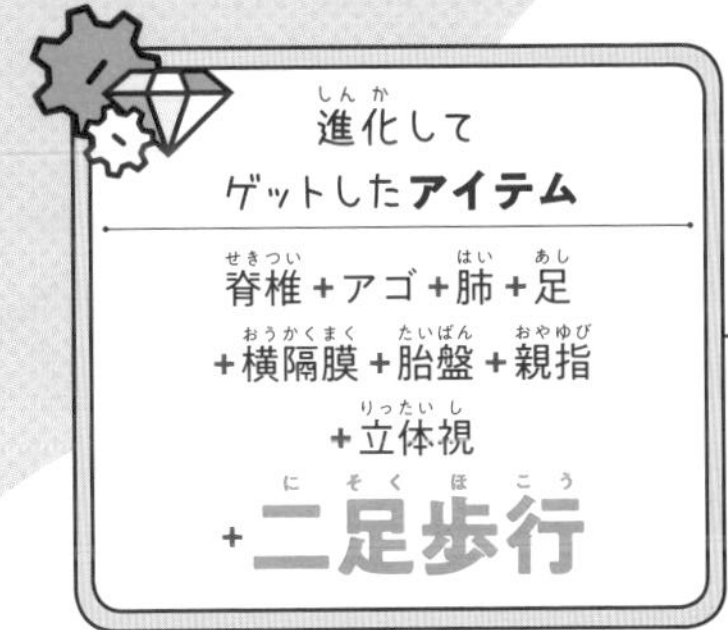

身長約120センチ

約400万年～約200万年前まで生存していたと思われる猿人。脳の容積は現在の人類の35パーセントくらいではないかと考えられている。現在のチンパンジーの脳の大きさに近い。化石の骨格から、二本の足で直立歩行していたのではないかと推測できる。アフリカ大陸のサバンナの気候に適応していたと思われる。

★まさかの新キャラ登場!?★

…とまぁ、オイラが5億年かけて進化したハナシ。ピンチの連続で七転び八起き…いろいろあったってもんよ～。
ドヤーー
ぬっ
これこれ、ピカイアよ。調子に乗るでないぞ。
ワシは神様じゃ。先カンブリア紀から地球におるぞ。
確かに、フォルムが先カンブリア紀の先輩みたいだ！
だから神様じゃ。

キャラクターが増えるなんて、聞いていないぞ…？
今の地球上にもニンゲン以外の生物がたくさんおるじゃろ？
その生物たちも、なが〜い時間をかけて進化して、今の姿になったんじゃ。
せっかくじゃから、他の生物も紹介してくれないかのう。
そうだな！

オイラたちの
身近にいる生物も、
いろいろな進化を繰り返して
今の姿になったんだよな～。

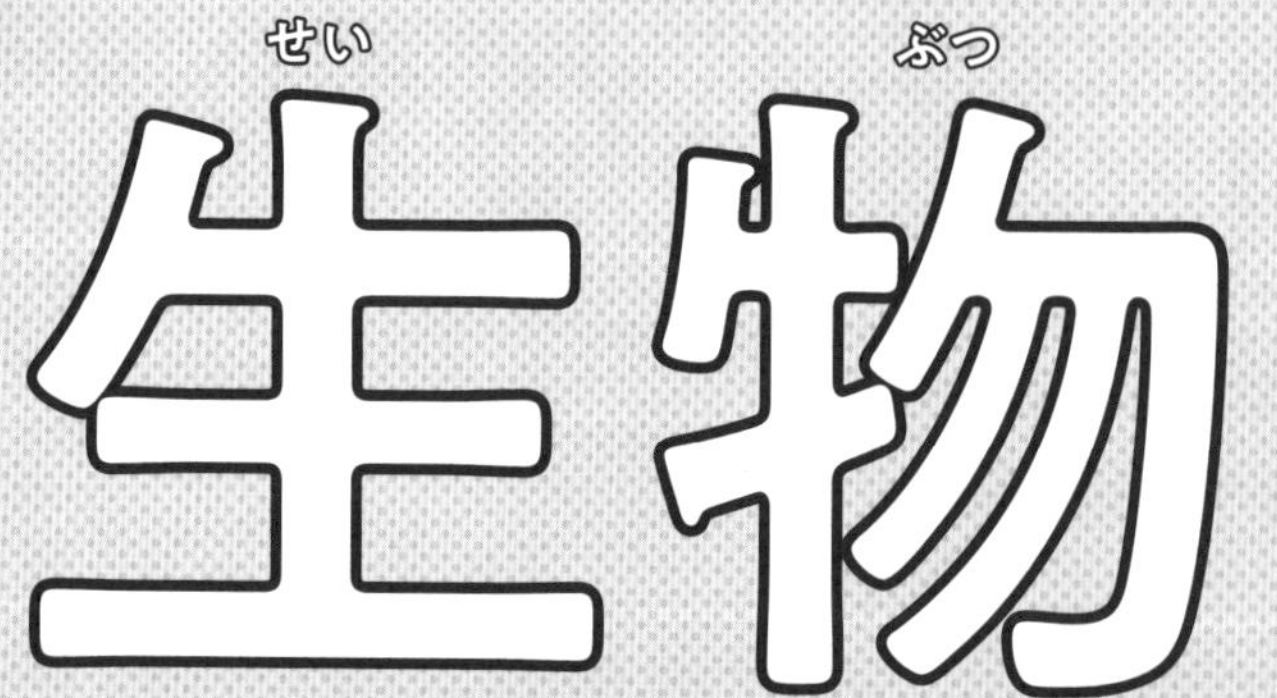

生物たち

PART 3

オイラと共に進化した！

生物進化クイズ！

現在はなんの生物になったのかな!?

この生物たちもピカイアと同じように長い年月をかけて進化していったよ。
キミたちもよく知っている生物だよ。

Q.1
現在は？
突然あるモノが生えてきたんだ。自分でもびっくり〜。
……答えは76ページ！
Q.2
ぼく、昔はとっても小柄なボディだったんだ。
現在は？
……答えは78ページ！
Q.3
え？私はシカじゃないわよ。今はそんなに小さくないわ。
現在は？
……答えは80ページ！

Q.4
現在は？
強さの秘訣は
進化の途中で
GETしたぞ。
……答えは82ページ！
Q.5
現在は？
アタシ、
何かの恐竜っポイ
ですけど…？
……答えは84ページ！
今はあるモノがなかったり、
ないモノがあったりするよ！
答えのページで、
それぞれの生物たちに
進化の過程を語ってもらおう〜。
Q.6
オレだって
時代を制したことが
あるんだぜ〜。
現在は？
……答えは86ページ！

カバみたいなこの生物の進化は…？

フォスファテリウム

分類：哺乳類・長鼻目（ゾウ目）・ヌミドテリウム科
時代：古第三紀
生息域：北アフリカ（モロッコ）など
体長：60センチメートル

ゴンフォテリウム

分類：哺乳類・長鼻目（ゾウ目）・ゴンフォテリウム科
時代：新第三紀
生息域：アフリカ、アジア、ヨーロッパ、北米など
体長：4メートル

昔は170種も仲間がいたらしいぞ。

ディノテリウム

分類：哺乳類・長鼻目（ゾウ目）・ディノテリウム科
時代：新第三紀〜第四紀
生息域：ヨーロッパ、アジア、アフリカなど
体長：5メートル

進化した現在は…
A.1 ゾウ！

アフリカゾウ

分類：哺乳類・長鼻目（ゾウ目）・ゾウ科
生息域：アフリカ（サバンナ）など
体長：5.4〜7.5メートル

ケナガマンモス

分類：哺乳類・長鼻目（ゾウ目）・ゾウ科
時代：第四紀中期
生息域：ユーラシア北部・北米北部など
体長：5.4メートル

自分の仲間でいちばん古いのはフォスファテリウムと呼ばれていて、水辺や森林で草を食べて生きていましたよ。当時は今のイヌくらいの大きさでしたかね。その後、平野に移動してから体が大きくなって、脚も筒のような形になりました。でも頭の位置が高くなったら、地面の植物や水に口が届かなくなってしまって…。鼻が長くなったので、鼻をニンゲンの手のように使うようになりましたよ。

中にはゴンフォテリウムという、今の自分とは別方向に進化した仲間もいまして、アゴも長くなったゾウもいましたよ。たくさんの仲間を増やした自分たちですが、500万年前の地球の寒冷化で仲間はほとんど絶滅してしまいました…。生き残ったマンモスは狩猟や温暖化で絶滅…。今、自分の仲間はアフリカゾウとアジアゾウの2種類だけなんです。

Q.2 小さくて首が少し長いこの生物の進化は…？

プロティロプス

分類：哺乳類・偶蹄目（ウシ目）・核脚亜目・ラクダ科
時代：古第三紀
生息域：北アメリカなど
体長：80センチメートル

分類：哺乳類・偶蹄目（ウシ目）・ラクダ科
時代：第三紀中期～後期
生息域：北米など
体長：2メートル

コブがないからラクダじゃないって？　4000万年前のぼくは、北アメリカに住んでいたんだ。今はいないけどね。体は今よりもずっと小さくて、ウサギくらいの大きさの草食動物だったよ。

　アエピカメルスって呼ばれた頃は体も大きくなったけど、コブができたのはもっと後だな〜。森や草原はエサが豊富だったし、キリンみたいに他の生物たちが届かないところの草を独占できていたからね。

　今のぼくの仲間は北アフリカから西南アジアの砂漠にいるヒトコブラクダと、中央アジアの砂漠にいるフタコブラクダだよ。コブは砂漠で暮らすために栄養を蓄えておくものだよ。便利でしょ。

　南アメリカのアンデス山脈にいるアルパカやリャマは、進化の枝分かれをしたぼくの親戚なんだよ。

アルパカはラクダの仲間だよ

進化した現在は…

A.2 ラクダ！

アルパカ

分類：哺乳類・偶蹄目（ウシ目）・核脚亜目・ラクダ科
生息域：南アメリカ（アンデス高地の草原）
体長：1.2〜2メートル

ヒトコブラクダ

分類：哺乳類・偶蹄目（ウシ目）・核脚亜目・ラクダ科
生息域：北アフリカ、西南アジアなど
体長：3メートル

北アメリカのラクダの仲間は1万2000年前に、ニンゲンの狩猟で絶滅してしまったんだ…。

ティタノティロプス

分類：哺乳類・偶蹄目（ウシ目）・核脚亜目・ラクダ科
時代：新第三紀〜第四紀
生息域：北アメリカなど
体長：5メートル

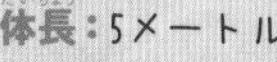

Q.3 ツノが短いシカみたいなこの生物の進化は…？

パレオトラグス

分類：哺乳類・鯨偶蹄目・キリン科
時代：新第三紀
生息域：アフリカ、アジア、ヨーロッパなど
体長：1.7メートル

プロリビテリウム

分類：哺乳類・偶蹄目（ウシ目）・キリン科
時代：新第三紀
生息域：アフリカなど
体長：1.8メートル

シバテリウム

分類：哺乳類・偶蹄目（ウシ目）・キリン科
時代：新第三紀～第四紀
生息域：アフリカ～インドなど
体高：2.2メートル

私の記憶によると、1800万年前はパレオトラグスと呼ばれていたわ。今の仲間のオカピに似た姿だったの。この時代は寒くて乾燥していて…、森林がどんどんなくなっていったのよ。

しょうがないから私は草原に行ったんだけど、森林に残って進化したのがオカピなの。草原には獲物や天敵がたくさんいるから、追うのも逃げるのもたくさん走らなきゃいけなくて、大変だったわ。脚が長くなったから、一歩も二歩もリードしたのよ。なぜか首も長くなっちゃったんだけど、おかげで高いところの葉っぱが食べられるようになったの。

これでも他の哺乳類と同じで、首の骨は7つなの。スゴいでしょ。首が短い私の仲間のシバテリウムやブラマテリウムは、エサ競争に負けて絶滅しちゃった…。

A.3 進化した現在は…
キリン！
キリンは「オシコーン」というツノをぶつけ合って戦うんだ！

ブラマテリウム
分類：哺乳類・鯨偶蹄目・キリン科・シバテリウム亜科
生息域：アジア（インド～トルコ）など
肩までの高さ：2.5メートル

アミメキリン
分類：哺乳類・偶蹄目（ウシ目）・反芻亜目・キリン科
生息域：アフリカ（サバンナ）など
肩までの高さ：5～5.8メートル

小さなウマみたいなこの生物の進化は…？

ヒラコドン

分類：哺乳類・奇蹄目（ウマ目）・サイ上科・ヒラコドン科
時代：新第三紀
生息域：北アメリカなど
体長：80センチメートル

パラケラテリウム

分類：哺乳類・奇蹄目（ウマ目）・サイ上科・ヒラコドン科
時代：第三紀
生息域：ヨーロッパ東部、アジアなど
体長：9メートル

テレオケラス

分類：哺乳類・奇蹄目（ウマ目）・サイ科
時代：第三紀後期
生息域：北アメリカなど
体長：4メートル

進化した現在は…
A.4 サイ！

シロサイ

分類： 哺乳類・奇蹄目（ウマ目）・サイ科
生息域： 南アフリカなど
体長： 3.3～4.4メートル

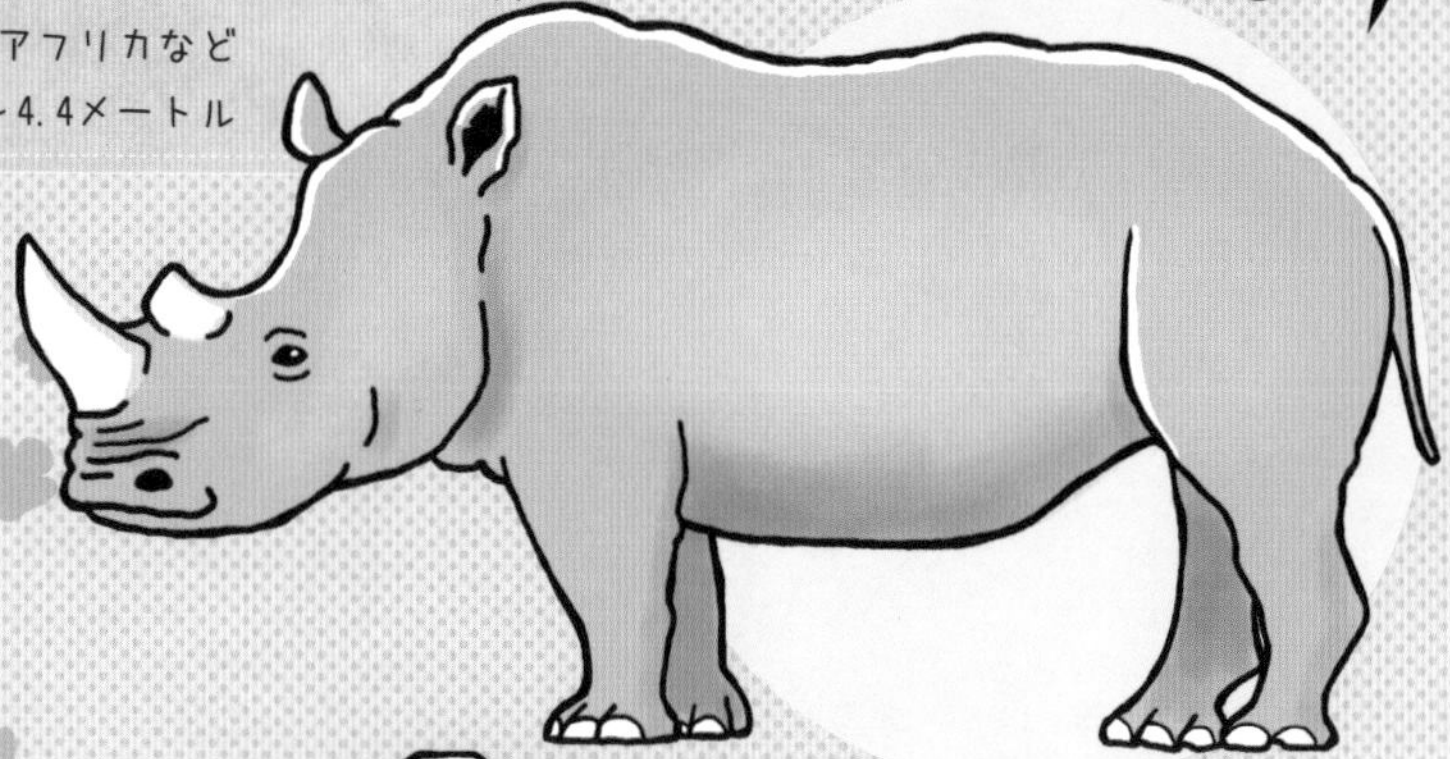

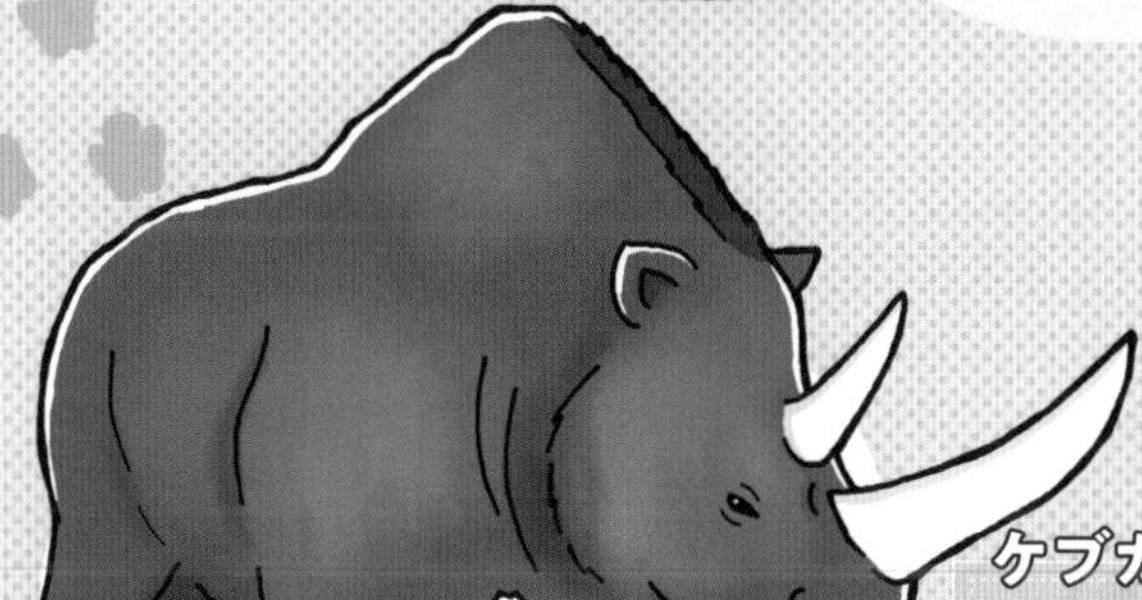

ケブカサイのツノは
1メートルもあるんだ！
すごいな！

ケブカサイ

分類： 哺乳類・奇蹄目（ウマ目）・サイ科
時代： 第四紀
生息域： ヨーロッパ、アジアなど
体長： 3.5メートル

2300万～530万年前のワイはヒラコドンと呼ばれておって、平原を軽快に走っていた、ウマに近い体だったぞ。仲間のヒラコドン科には、陸上で史上最大といわれるくらいデカいやつもおったぞ。それはパラケラテリウムで、なんと体長が9メートル。マジでデカい。

ワイの仲間たちは水辺に住んだり、寒いときはフサフサの毛をしていたり、環境によっていろいろに進化したんだ。

今はアフリカ大陸と東南アジアに住んでいるんだが、ワイのツノを狙った密猟でどんどん数が減っているんだ…。おいニンゲン、なんとかしてほしいぞ…。

Q.5 小型の恐竜みたいなこの生物の進化は…？

ヘスペロスクス

分類：爬虫類・ワニ目・スフェノスクス科
時代：三畳紀後期
生息域：北アメリカなど
体長：1.2メートル

メトリオリンクス

分類：爬虫類・ワニ目・中鰐亜目・メトリオリンクス科
時代：ジュラ紀後期
生息域：ヨーロッパの海など
体長：3メートル

カプロスクス

分類：爬虫類・ワニ目・真鰐亜目・マハジャンガスクス科
時代：白亜紀中期
生息域：アフリカ西北部（ニジェール、モロッコ）など
体長：6メートル

アタシは暑いのも寒いのもダメだから、熱帯地域の水辺とかが住処なんだけど、今よりも暖かかった時代はすごく生活しやすくて、世界中のいろいろなところに仲間がいたのよ。三畳紀の後半にはヘスペロスクスって呼ばれて、二足歩行のスリムな体だったの。小型恐竜に似てるっていわれていたかしら。

ジュラ紀には海に住む珍しい仲間もいたし…。メトリオリンクスは尾ヒレもあったの。今では想像もできないわよねえ。カプロスクスはイノシシワニとも呼ばれて、すっごく狂暴だったの。陸とか水辺とか、いろいろなところに仲間がいたわ。今ではもうすっかり数も少なくなってしまったけどね…。

Q.6 ヒレの大きなこの生物の進化は…？

分類：魚類・軟骨魚綱・板鰓亜綱・クラドセラケ科
時代：デボン紀後期
生息域：北米などの海
体長：2メートル

ステタカンタス

分類：魚類・軟骨魚綱・板鰓亜綱
時代：デボン紀後期〜石炭紀後期
生息域：北米、ヨーロッパなどの海
体長：2メートル

オレの歴史はピカイアほどではないけれど、まあまあ長いよ。4億年前にクラドセラケって呼ばれていたんだ。わりと今のサメっぽい形をしてるだろ？　でもさ、この時代は新しい歯が生え変わらないから、よく歯が欠けちゃってたんだけどな。

オレたちの仲間がいちばん多かった時代は3億年前の石炭紀で、魚類の70パーセントがオレたちサメだったわけ。いろんなヤツがいたな〜。背びれがお飾りみたいだったのとか、古い歯が抜けなくてどんどんアゴに渦を巻いてたのとか。古生代の個性的なヤツはもういなくてさ、ヒボダス類ってのが生き残ったんだ。今でもオレは世界中の海を泳いでるぜ。

進化した現在は…
A.6 サメ！

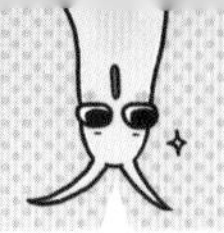

サメは生涯に
歯が何万本も
生え変わるらしいぞ。

ホホジロザメ

分類：魚類・軟骨魚綱・板鰓亜綱・
ネズミザメ目・ネズミザメ科
生息域：世界中の海
体長：2〜2.5メートル

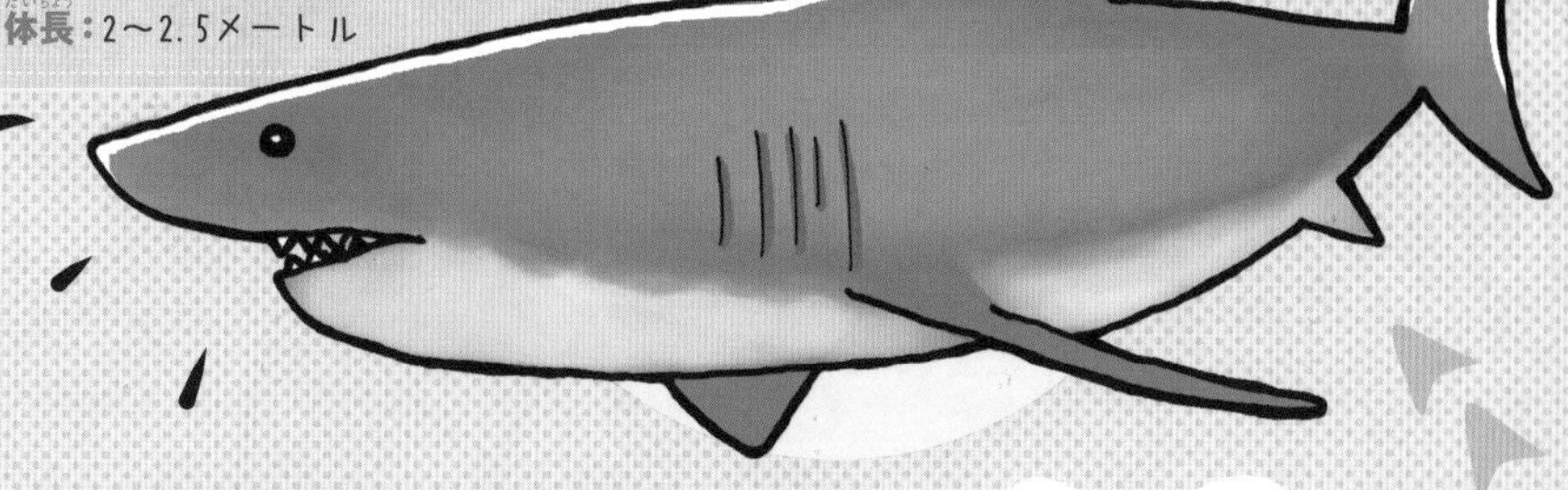

ヒボーダス

分類：魚類・軟骨魚綱・板鰓亜綱・
ヒボダス目・ヒボダス上科
時代：ペルム紀後期〜白亜紀後期
生息域：世界中の海
体長：2〜2.5メートル

ヘリコプリオン

分類：魚類・軟骨魚綱・全頭亜綱・
エウゲネオドゥス目・アガシゾーダス科
時代：ペルム紀
生息域：日本、北アメリカ、ロシアなどの海
体長：3メートル

生物！
オイラが５億年の時代を見て（妖精としてね！）すごいヤツだ〜！って感動した生物を紹介するぞ。

PART 4
時代を変えた!?
古生代＆中生代の
びっくり

ピカイア
びっくり
生物その
1

ハルキゲニア!!!

惑わしてきた生物

背中のトゲトゲがかっこいいでしょ？「幻惑するもの」っていう意味の名前がつけられたの。どうやら今のニンゲンたちが私の化石を見つけたときに、私の形に驚いちゃったみたい。1911年にバージェス頁岩ってところから出てきたんだけど、「トゲと触手がある、この生物は一体何だ？」って…。1977年頃は、背中のトゲを足だと勘違いされて、上下が逆だったの。さらに、潰れちゃったお尻を頭だと思われてたり…。恥ずかしいわ…。そんな感じで、たくさんのニンゲンを幻惑しちゃった。ニンゲンがこの形にたどり着いたのが2015年だから、ほんともう最近。私の頭がようやく発見されて、こ

ハルキゲニア
分類:有爪動物
時代:カンブリア紀
生息域:北アメリカ、中国の海など
全長:0.5〜3センチメートル

の形にたどり着いたの。

カンブリア紀の頃は、浅瀬の海で生活していたのよ。全長は3センチくらいで、ピカイアよりちょっと小さいくらい。この時代はいろいろな種類の仲間たちがいたわ〜。アノマロカリスとか野蛮で凶暴なヤツもいたけど、だいたい全長10センチ弱の、のほほ〜んとした生物ばっかりだったから、トゲトゲの私はアバンギャルドでファッショナブルだったわ。防御用なんだけどね。筒状にずらっと並んでいる歯は、口に入れたものが逆流しないから便利よ。

今生きている仲間にカギムシっていうのがいるわ。有爪類っていって、足に爪があるの。

ピカイアびっくり生物その2

オパビニア!!!

古生物学会が笑いの渦に！のフォルムは唯一無二!?

オイラが生まれたカンブリア紀にはたくさんの生物が誕生したから「カンブリア爆発」といわれているぞ。「面白い形してるな〜」っていうヤツを、カンブリアンモンスターって呼んでいるんだ。モンスターっていうけど、実在した生物だぞ。

オレの5つある目とノズルが変だって、カンブリアンモンスターのひとつにされているぞ。オパビニアは「岩のもの」って意味らしい。オパビニアは古生物学会でオレの姿が公開されたときに、研究者のニンゲンたちが爆笑したっていうから失礼な話だよな。オレみたいな姿のヤツなんてそうそういないから、「動物界の孤児」ともいわれ

I Can see!!

ているんだけど、それは悪い気がしないな。

この時代に目のないヤツはたくさんいたし、それを5つも持ってるオレってすげーだろ。ちなみに、初めて目を持った生物は三葉虫らしい。オレの目は360度周りを見ることができるから、太刀打ちできない強いヤツからはすぐ逃げられるぞ。体の両側にあるヒレをムカデみたいに動かして泳いでいたんだ。

頭から生えてるノズルの先はギザギザのトングみたいな形になっていて、これで海の底にいる獲物を捕まえることもできる。オレはそんなにアクティブでもないし、歯がないからちっちゃくてやわらかいヤツを狙って食っていたぞ。ピカイアは逃げ足が速くてなかなか捕まえられなかったなあ。ツルツルしててうまそうだったのに。残念だ。

オパビニア
分類：節足動物門・ラディオドンタ目・オパビニア科
時代：カンブリア紀
生息域：北アメリカなどの海
体長：7センチメートル

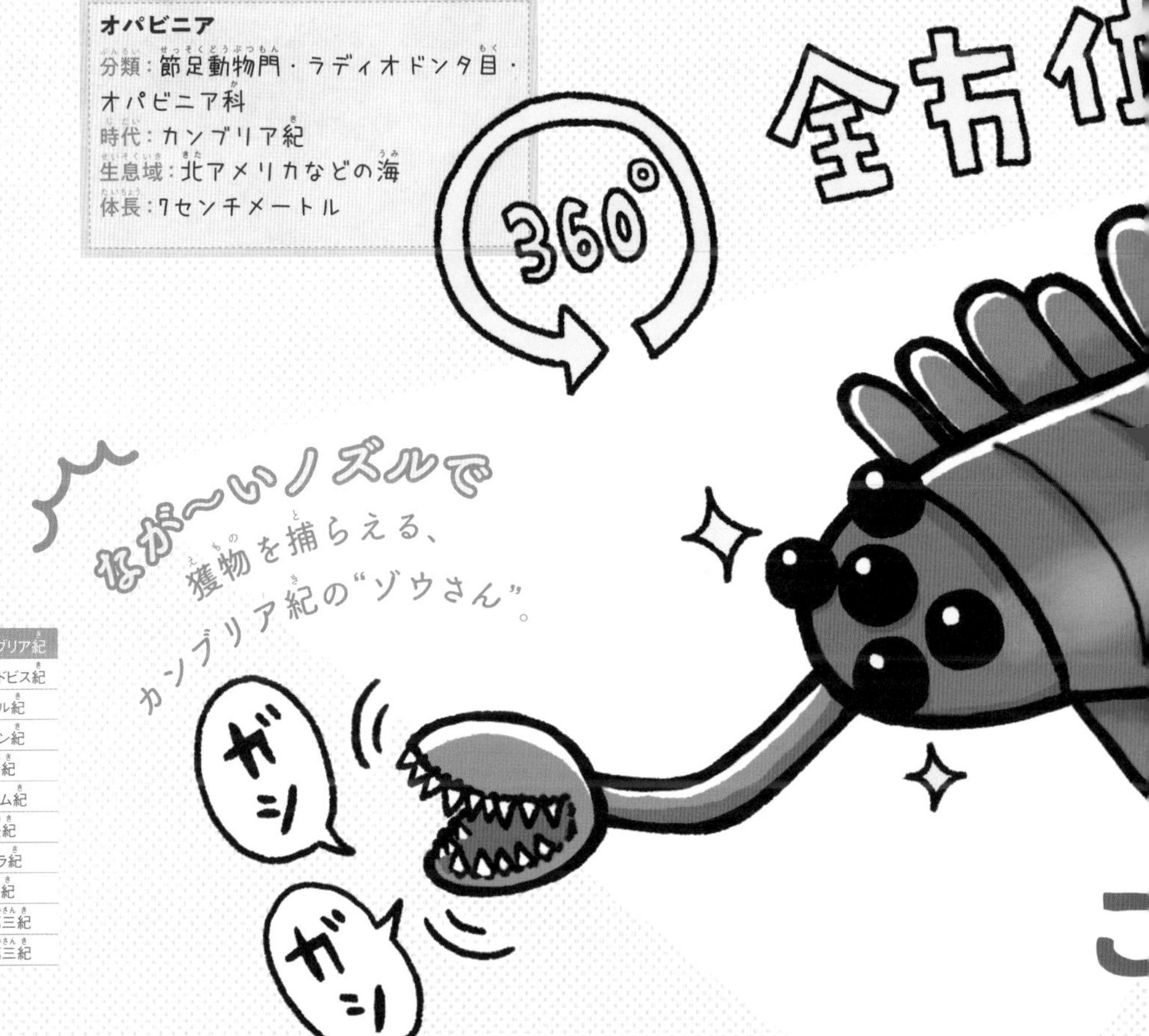

ピカイアびっくり生物その3

カメロケラス!!!

10m
トンガリ帽子みたいな殻をチョッカクガイと呼んでいるぞ。全長が10センチくらいのものから…。エンドセラスって5メートルくらいのやつもいたな～。

長さはなんと10m! ビス紀の最大捕食者

まだ陸上には生物がいなかった頃、オルドビス紀は温暖な時代だったんだ。海水温が42度あって、いい湯加減だった。サンゴ礁が広がっていて、初期の魚のアランダスピスとかもいたな。「生きる化石」と呼ばれているオウムガイもこの頃からの生物だ。

オレは「オルドビス紀最大の生物」といわれていて、オレよりもでかくて強いヤツはいなかったから、無双だったぞ。三葉虫やウミサソリを食っていたぞ。もちろんオウムガイもな。8本の触腕で獲物を捕らえるんだが、吸盤はないから、イカやタコの触腕とは形がちがうぞ。

どうやって泳いでいたか気になるだろ? 殻の中には壁で仕

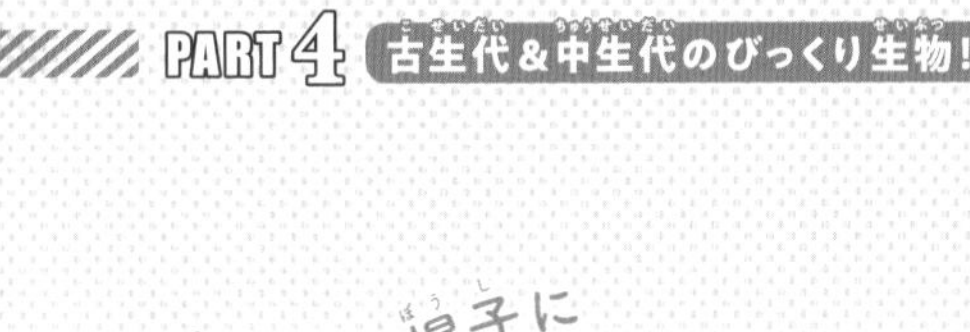

トンガリ帽子に
刺されたら痛そう！

ビュー

……

オルド

切られたたくさんの小部屋（気房）があって、そこに空気や水を入れることで、水中を上下に移動できたんだ。体の中に取り込んだ水を頭部から噴射して方向転換もできるぞ。しかしなぜこんなにデカイ体になったのかは、オレにもわからん。

カメロケラス
分類：軟体動物門・頭足綱・エンドセラス目・エンドセラス科
時代：オルドビス紀
生息域：北アメリカなどの海
殻の長さ：10メートル

ピカイアびっくり生物その4

ユーリプテルス!!!

オルドビス紀からペルム紀までは僕らウミサソリの仲間が生きていた時代だよ。中でもシルル紀はウミサソリが海の頂点的な存在だったかな。サソリは海に住んでいないって？ 今生きているサソリとは違うんだ。海に住んでいる「サソリっぽい仲間」ってこと。カブトガニに近いという説もあるらしいんだけど、僕はわからないや。サソリの祖先も海に住んでいたけど、僕たちとは違う仲間なんだ。ややこしいよね。

陸のサソリはハサミが特徴的だけど、ハサミを持っている僕たちの仲間はあまりいないよ。僕は鋭い尾と、パドルみたいな形の後ろ足がポイントかな。ユーリプテルスは「広い翼」という意味で、この後ろ足で速く泳ぐことができたんだ。といっても、今のウミガメくらいの速さ。それよりも海底を歩いて砂の上の軟体動物を捕まえて食べるほうが得意だったよ。

大きさはだいたい20センチくらいなんだけど、たまに1メートルくらいの仲間もいた！ 浅瀬の海に住んでいたんだけど、ここだけのハナシ、ちょっとだけ陸にも上がることができたんだ。水中の生活ではエラを使うけど、補助的な呼吸器官もあったから、ほんの短時間なら陸を歩くこともできたよ。

ウミサソリにはたくさんの種類がいて、泳ぐタイプや海の底を歩くタイプもいたんだ。しかも海だけじゃなく、陸にまで…。

代表生物！
海を泳ぐ〜

ユーリプテルス

分類：節足動物・鋏角亜門・広翼綱・ウミサソリ目・ユーリプテルス科
時代：シルル紀
生息域：北米、ヨーロッパなどの海
全長：20センチメートル〜1メートル

シルル紀の「広い翼」で

ピカイアびっくり生物その5

メガネウラ!!!

私がいた石炭紀は、とにかく植物がたくさん生い茂っていた時代ですね。大森林の中で生きていました。私は超ラッキーで、羽があって飛べていたんです。どうやらこの時代の私たち昆虫が、生物史上初のフライトだそうで。樹幹の上の方へ飛んでいけば、陸にいる生物から攻撃されることもなかったので、とても安全でした。

なんで巨大だったのかって？ 確かに現代に私くらいの大きさの昆虫なんていないですよね。天敵がいなかったから…というのもありますが、地球の酸素濃度が今の

メガネウラ	
分類	節足動物門・ラディオドンタ目・オパビニア科
時代	石炭紀
生息域	ヨーロッパなど
翼幅	60～70センチメートル

今リアルにいたら怖い!!翼幅70cmの巨大トンボ

約21パーセントよりも高かったからだと思います。この時代は30パーセントもあって、代謝速度が上がったんじゃないかと。

広げた羽の幅は70センチありましたよ。ヤゴでも体長は30センチでしたね。ヤゴの頃はエラがあって、泳げなかったのですが水の中で生活をして小魚やオタマジャクシを食べていました。水の中でも他の生物と比べて大きかったので、怖がられていたかもしれませんね…。

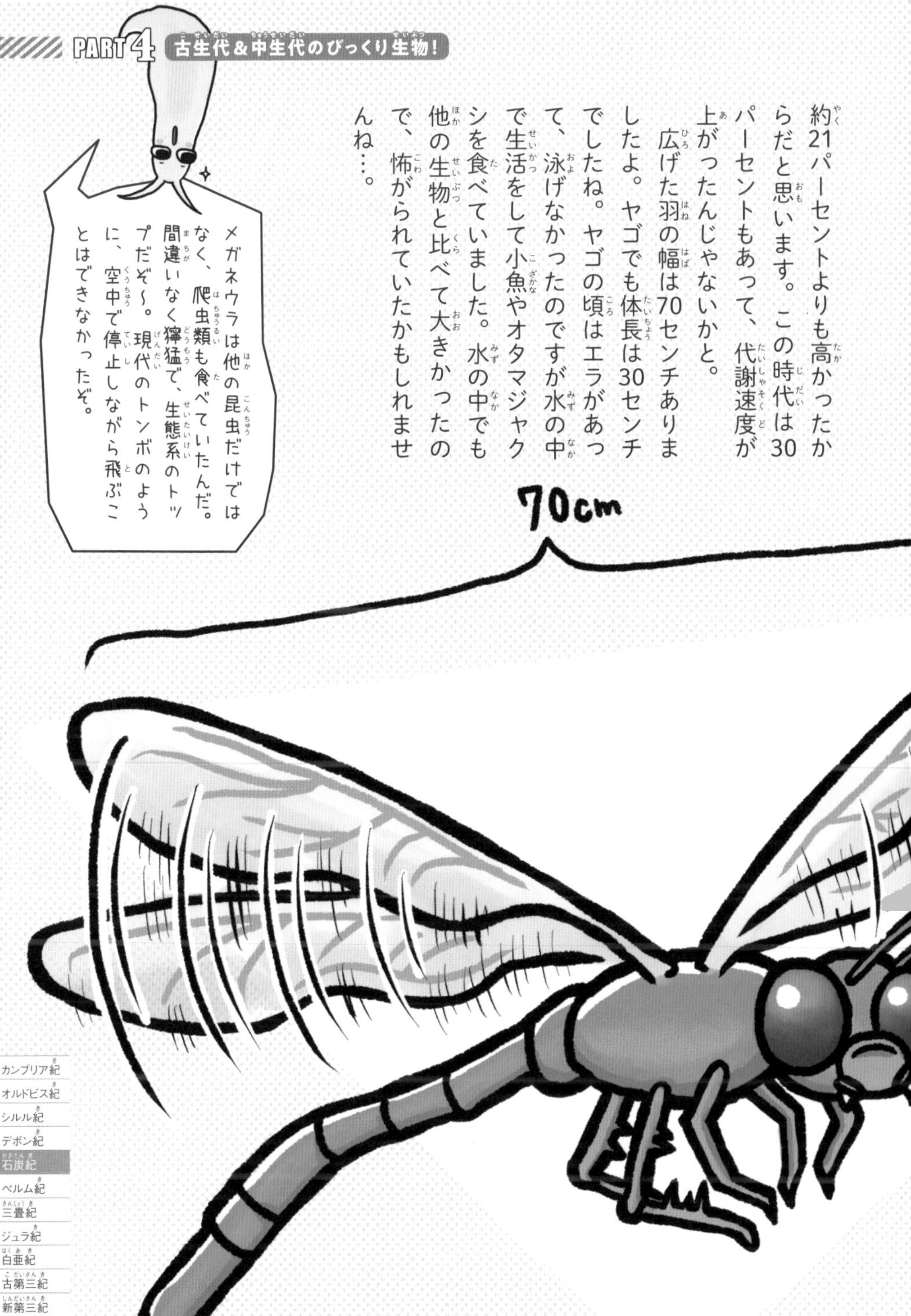

メガネウラは他の昆虫だけではなく、爬虫類も食べていたんだ。間違いなく獰猛で、生態系のトップだぞ〜。現代のトンボのように、空中で停止しながら飛ぶことはできなかったぞ。
70cm

ピカイア
びっくり
生物その
6

アースロプレウラ!!!

大の陸生節足動物！…実は草食系？

ヤスデだよ。

アースロプレウラ
分類：節足動物門・アースロプレウリダ綱・アースロプレウリダ目
時代：石炭紀
生息域：ヨーロッパなど
全長：2メートル

現代のニンゲンよりもオレの体って大きいよね。メガネウラと同じ時代だったんだけど、節足動物の中でも特に巨大に進化したんだ。オレのことを食おうとする脊椎動物もあまりいなかったから、どんどん体が大きくなったのかもしれない。わりとのびのび暮らしていたよ。

もしオレのことが凶暴に見えていたら誤解だよ。他の昆虫とかは食わないからね。シダ植物とかを食べていたんだよ。いわゆる草食系だから、ムカデというよりヤスデに近

史上最

※この時代に
チワワはいないぞ。
20cm
例えるならムカデじゃなくて
もしゃ
もしゃ
なぜ草食かわかったのは、アースロプレウラの糞の化石にシダ植物の胞子の破片が含まれていたからなんだよ。

いかもしれない。ムカデは肉食で、ヤスデは腐りかけた落ち葉を食べるからね。だからもしキミの隣にいても大丈夫でしょ。え？　どっちでも見た目が怖いって？　ただ体が大きいだけで、襲って食べるわけじゃないから怖がらないでよ～。

敵もあまりいないから安心していたけど、寒～い時代が来てしまったんだ。空気が乾燥して、植物が少なくなって、酸素も薄くなって…オレは絶滅してしまったよ。体が大きいと急な環境の変化に対応できないんだよね。植物や酸素が足りなくなるのは致命的だよ。

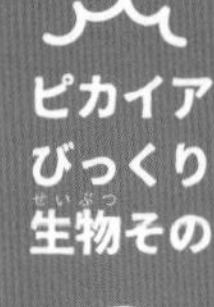

コエルロサウラヴス!!!

時代はペルム紀でパンゲア超大陸があった頃のことだよ。この頃は両生類と爬虫類、単弓類で縄張り争いをしていた時代なんだ。僕は爬虫類のコエルロサウラヴス。古生物史に名前を残す生物だよ。それはね、なんと脊椎動物の中で初めて空を飛んじゃったんだ。

これまでは昆虫たちが空を飛んでいて、「地面にいるヤツなんて敵じゃねーぜ！　ふふーん」って余裕をかましていたんだけど、それに一石を投じたのが

コエルロサウラヴス
分類：爬虫類・双弓亜綱・ウェイゲルティサウルス科
時代：ペルム紀
生息域：ヨーロッパ、アフリカのマダガスカル島など
体長：40センチメートル

僕ってわけ。まあ、飛ぶっていっても木から木へ滑空するんだけど。

脇の後ろに20本以上の細い骨がのびていて、そこに膜が張っているんだ。美しいでしょ？　かっこいいでしょ？　ニンゲンに僕の化石が発掘されたときは、魚のヒレと間違われたこともあったよ。現代でもトビトカゲっていう形の似ている爬虫類がいるんだけど、そいつはろっ骨がのびて翼になっているんだよね。でも僕のはろっ骨じゃなくて別の独立した骨だから、完璧な翼さ。これはすごーく珍しいんだ。スゴイでしょ。

ピカイアびっくり生物その 8

イノストランケヴィア!!!

俺様はペルム紀後半に恐れられたハンターだぜ。この時代の王者だな。長い犬歯が特徴だが、種類は爬虫類なんだ。ニンゲンたちは哺乳類型爬虫類と呼ぶが、なんといわれようと俺様の強さにはカンケーねえな。

爬虫類には同じ形の歯がずらっと並んでいるヤツが多いけど、俺様は12センチもあるサーベル状の長い犬歯で獲物をガブリとしとめてから、前歯で肉をひきちぎって食べるスタイル。この便利な歯のおかげで、大型で皮の厚い獲物でも構わず襲ってやったぜ。

さらに、俺様は陸上での動きも素早かったし、泳ぎも得意だったんだ。犬かきみたいなダセエ泳ぎ方なんてしないぜ。スイスイ〜っと体をくねらせてワニのように泳いでいたんだ。先端に鼻があって横幅がスリムな顔は、水の抵抗を減らして速く泳ぐのに都合がいいんだ。そんなこんなで、陸でも水辺でも他のヤツらはオレのことを超ビビってたよ。

恐竜が現れる前、イノストランケヴィアみたいな哺乳類型爬虫類がたくさんいたよ。これは哺乳類の祖となる仲間なんだ。鋭い歯でかまれたら死んじゃうよ〜!

超大型肉食系ハンター！皮の厚い獲物もガブリ

オラオラ〜

ネコみたいなヒゲもあるぞ。

イノストランケヴィア

分類：爬虫類・単弓亜綱・獣弓目・獣歯亜目・ゴルゴノプス科
時代：ペルム紀
生息域：ロシアなど
全長：4.5メートル

ピカイアびっくり生物その9

エウディモルフォドン!!!

この後のジュラ紀初期にディモルフォドンという翼竜がいたんだけど、近縁ではないようだよ。時代を超えたそっくりさんなのかな？
こう見えて魚食。

俺がなぜスゴイかって、ニンゲンが発見した中で最古の翼竜の一種だからさ。恐竜好きなら翼竜ってやつを知っていると思うが、この時代に現れたんだ。最古の鳥だっていう始祖鳥よりも3000万年も前に俺はいたぞ。

滑空する爬虫類は増えてきたが、本気で空を飛びはじめたのは俺らだぜ。滑空するためには高いところに登らないといけないが、俺は完全に空を飛んだんだぜ。前足の4番目の長い指から出ている広い

滑空じゃなく ガチで空を飛んだ！最古の翼竜！

エウディモルフォドン
分類：爬虫類・翼竜目・ランフォリンクス亜目・ユーディモルフォドン科
時代：三畳紀
生息域：ヨーロッパ（イタリアなど）
翼を広げた長さ：1メートル

皮膚が、胴体とつながって翼になっているんだ。長い尾の先端はひし形の帆がついていて、空中で舵やバランスを取るために使っているぞ。

ちなみに、エウディモルフォドンは「真の2種類の歯」っていう意味で、口の先端にある牙みたいにとがった歯と、その奥にギザギザの2種類の歯があるから名付けられたんだ。ツルツルしたものを挟むのにちょうどいいぞ。水面から魚をつかんで食っていたんだけど、俺みたいな魚食の翼竜はたくさんいたぜ。だけど俺みたいな歯のやつはいなかったけどな。

カンブリア紀
オルドビス紀
シルル紀
デボン紀
石炭紀
ペルム紀
三畳紀
ジュラ紀
白亜紀
古第三紀
新第三紀

★生物たちの大量絶滅!?★

スゴイ生物がたくさんいたな。オイラちょっと感動しちゃったよ~。

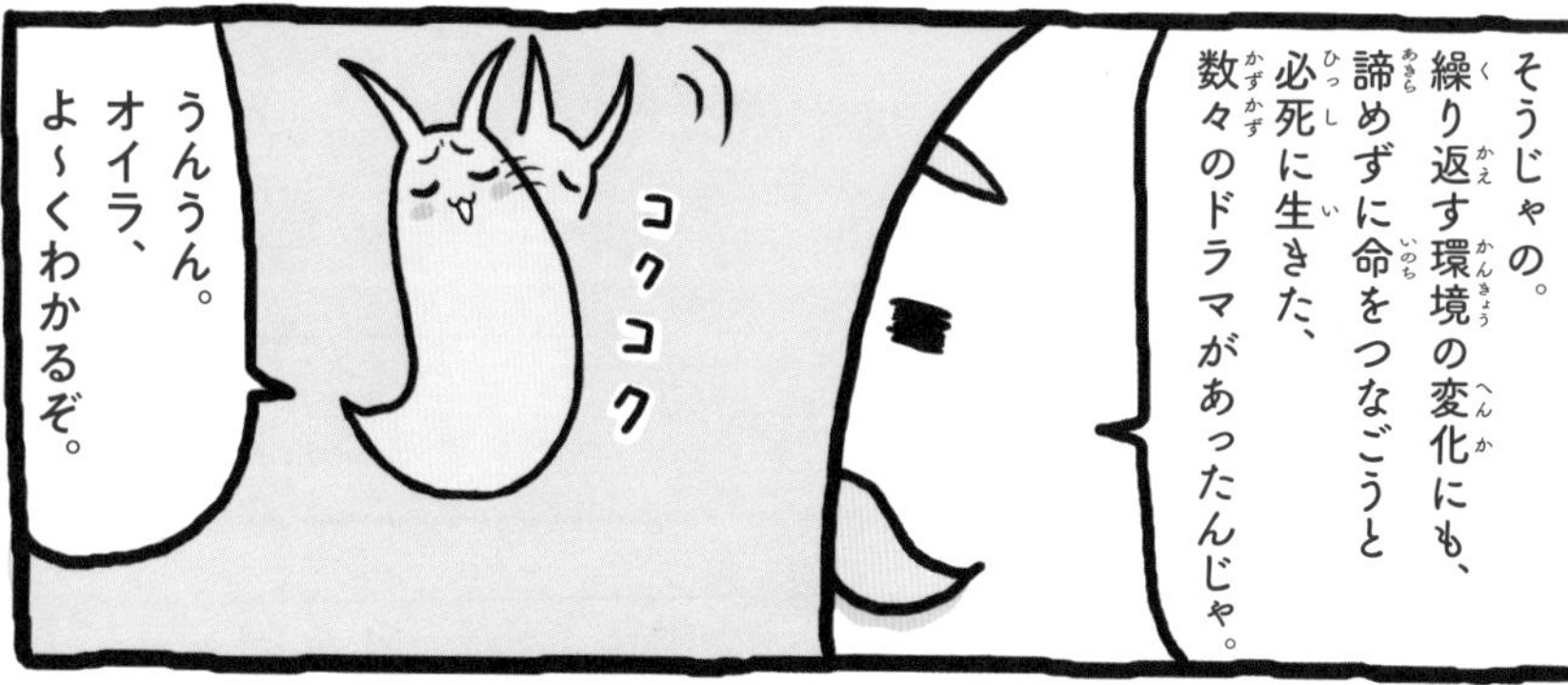
そうじゃの。繰り返す環境の変化にも、諦めずに命をつなごうと必死に生きた、数々のドラマがあったんじゃ。
コクコク
うんうん。オイラ、よ~くわかるぞ。

ピカイアよ…。おぬしはたくさんの生物たちが絶滅してしまった時代のことを覚えておるか？
もちろん。住んでいた海がなくなっちゃったり、巨大な隕石が衝突したり、巨大な火山が噴火したり…たくさんあったぞ。

地球は暑くなったり、
寒くなったりするもんじゃな。
地球の地面が動いているから
起こるんじゃ。
ググ…

突然火山が
ドーンとか…
勘弁してほしいよ…。
ドーン

ビッグ5
大量絶滅は5回あって、
「ビッグ5」と
呼ばれているんじゃ。
へへっ

そうか～。
5回もあったんだな。
遠い目…。
辛かったな～
そうじゃよ～
すごいじゃろ～

5億年の間にオイラの仲間たちが
イッキにたくさん絶滅してしまった
おそろし〜い大量絶滅が
5回もあったんだ。
過酷な時代だったぞ。
あのときオイラは辛かった…
量絶滅
ビッグ5

PART 5
地球大
ボーーーン!!

大量絶滅その1

オルドビス紀末

4億4400万年前

85パーセントの大量絶滅!!

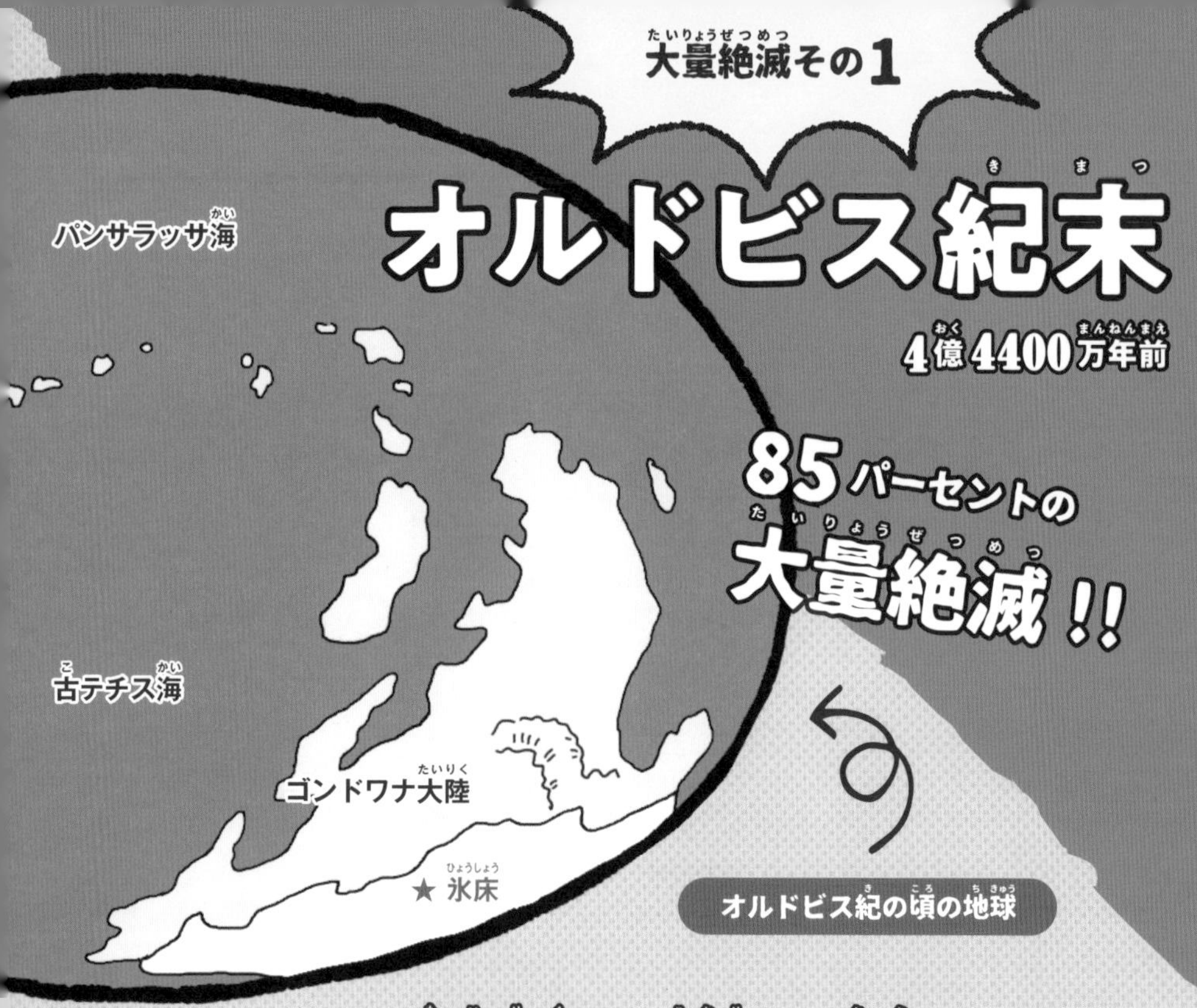

オルドビス紀の頃の地球

ゴンドワナ大陸が氷に覆われていた浅瀬が干上がっちゃった！

カメロケラス（94ページ）がいっていたように、オルドビス紀の地球はとても暖かかったんだ。北半球のほとんどが海で、南半球に陸が固まっていたぞ。この陸はゴンドワナ大陸。この時代、多くの生物は海岸あたりの浅い海に住んでいたんだ（32ページ）。アゴのない魚が多くて、オウムガイの仲間が強い捕食者だった。まだ地上には生物はいなかったぞ。

海の温度は42度くらいあって、ニンゲンが温泉に入ってぬくぬくしているような状態がオイラたちの日常だったよ。でもなぜかオルドビス紀の終わりに、海水温が23度くらいに下がっていった。そしてゴンドワナ大陸に氷床ができたんだ。氷

巨大な氷床ができると…

温暖な気候では地球上の水は活発に循環する。川から海へ水が流れていた。

陸地に大きな氷床ができると、川に水が流れなくなり、水の循環が止まる。

浅い海が干上がり、生物たちが住めなくなってしまう。

ピンチはオイラを食おうとする天敵だけじゃない！住んでいるところが突然なくなっちゃうこともあるんだな…。
シベ
ローレンシア
バルチカ
イアペトゥス海

住んで

床っていうのは、今の南極にあるような、広い土地を覆う厚い氷だよ。

海水がぬる〜いってだけならガマンができたのかもしれないけど、問題はここからだったんだ。地球上の水は、雨になって山や陸に降って、川となって海へ流れるよね。氷床ができて、海に流れていた水が凍って、海へ流れなくなってしまったんだ。そうして…浅瀬の海がどんどん干上がっていった。それで生物の85パーセントが絶滅しちゃったんだ。

天敵からは頑張って逃げることはできても、そもそも住むところがなくなっちゃうと…、生物にとっては死活問題だぞ。

デボン紀後期

大量絶滅その2

3億7400万年前

デボン紀にはゴンドワナ大陸の他に、もうひとつ大きな大陸があったぞ。それがユーラメリカ大陸。名前が混じってるって？　そう、今のヨーロッパ（ユーロ）とアメリカを合わせた名前だよ。今のヨーロッパと北アメリカが合体していた大陸なんだ。ここには大きな山脈があって、たくさんの川や森林ができたんだ。

しかし、このデボン紀にも地球の寒冷化で大量絶滅が起きてしまった。オイラはまだ海にいたんだけど、なぜ寒冷化が起こったか、わかっていないんだ。しかも、海に住む種類と、川や湖の淡水域に住む種類で絶滅率に大きな差があるっていうのが、また不思議なハナシ。

この時代にたくさんいた魚は、最初にアゴができた板皮類と、背中や

腹のヒレがトゲトゲの棘魚類だよ。板皮類が強いアゴでバクーっと棘魚類を食べても、棘魚類は「体のトゲトゲが引っかかって簡単に丸のみができないだろー」って抵抗していたんだ。

板皮類は海に住んでいる種の65パーセント、淡水域の種の23パーセントが絶滅。棘魚類は海の種の87パーセント、淡水域の種の30パーセントが絶滅しちゃった。デボン紀の海もぬくぬくだったから、海に住んでいる種は寒さに耐えられなかったのかもしれないなあ。淡水に住んでいる魚のほうが、適応力が高くて強いのかな？

あと、腕足類っていう貝の生物は、赤道近くの低緯度に住んでいた種は91パーセントも絶滅しちゃったんだけど、それ以外の高緯度に住んでいた種が絶滅したのは27パーセントなんだ。なんでだろう？

なぜか地球が寒くなって海の生物が大量に絶滅！

なぜか住んでいるところで絶滅率が大きくちがうんだ！

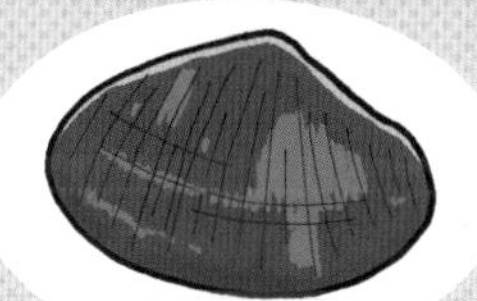

腕足類

赤道近く……91パーセントが絶滅
高緯度……27パーセントが絶滅

板皮類

海……65パーセントが絶滅
淡水域……23パーセントが絶滅

海で縄張り争いをしていた板皮類と棘魚類がほとんど絶滅して、この後に数を増やしていったのが条鰭類なんだ。今、海で生きている魚の多くがこの種類だぞ。

棘魚類

海……87パーセントが絶滅
淡水域……30パーセントが絶滅

ペルム紀にはパンゲア超大陸っていう、大きな陸地があったんだ。「すべての大陸」っていう意味で、ユーラメリカ大陸だったときみたいな森林はなくなっちゃって、一面の砂漠だったぞ。両生類、爬虫類、単弓類（104ページのイノストランケヴィアも単弓類だぞ）っていうおっかないヤツラが生態系のトップを争っていたんだ。

オイラの進化のときに話したけど、突然火山が大爆発したんだ（50ページ）。2キロメートルの火柱が上がって、ドロドロのマグマが大量に燃えていたんだ。この大噴火のときの溶岩がシベリアに残っているぞ。洪水玄武岩といって、大きさが日本の国土の19倍もあるんだ。

酸素がなくなって苦しかったんだけど、当時のオイラはトリナクソドンっていう全長45センチくらいの肉食動物

巨大マグマが噴き上がり酸素が薄くなって最悪!!!

だった。ハナクソドンじゃないぞ。もう辛くて辛くて…覚えていないんだけど、この巨大噴火のあとに起きたことについてはいくつかの説があるぞ。

大量のマグマが噴き出て、噴火の煙で空が覆われた。すると、お昼でも太陽の光が届かなくて、真っ暗になってしまった。地球が寒くなって植物も枯れちゃった…という説。

あと、酸素が少なくなって二酸化炭素が増えてから、気温が上昇。硫化水素がオゾン層を破壊して、大量の紫外線が地球に降り注いだ…という説だぞ。

オイラ、寒いのもダメだけど、暑すぎるのも耐えられないよ～！　この時代の終わりは「地球史上最大の大量絶滅」といわれていて、海や陸で約95パーセントの生物が絶滅してしまったんだ。

パンゲア超大陸がどんどん乾燥していって、乾燥に強い爬虫類の数が増えていったのがこの三畳紀。ペルム紀の悲惨な大絶滅を乗り越えた爬虫類が、海にも陸にもたくさんいたんだ。オイラも命からがら生き残って、頑張って生きていたぞ。この時代の酸素濃度は15パーセントくらい。ニンゲンは生きていけないな…。

この低酸素にいち早く適応したのが陸にいた爬虫類で、ワニみたいに地面をノッシノッシと歩くんじゃなくて、スタスタと走るようになった。これが主竜類、恐竜類へと進化していったぞ。

エウディモルフォドン（106ページ）とかスゴイ爬虫類がたくさんいたのに、また、起きてしまったんだ。大量絶滅が…。でも、この時代もなんで大量絶滅が起きたかわからないんだ。いくつか説があるんだけど、ひとつは巨大隕石が落ちた、ってやつ。直径8キロメートルで重さが5000億

大量絶滅その4

三畳紀末

約2億130万年前

70パーセントの大量絶滅!!

起きたミステリー

トンの巨大隕石が、2億1500万年前に落ちたらしい（絶滅が起こったのは2億130万年前なんだけどね）。カナダ東部のケベック州に、隕石が落ちたときの直径100キロメートルのクレーターが残っているぞ。あと、パンゲア超大陸が分裂するときに起きた、大規模な火山活動も原因じゃないかともいわれているよ。

海や陸の生物の70パーセント以上が絶滅して、ワニ（84ページ）を含めたクルロタルシ類や、単弓類の多くがいなくなってしまった…。この三畳紀の絶滅で生き残った恐竜が、次の時代で数を増やしていったぞ。鳥類や恐竜の数がたくさん増えていったんだけど、それはこの薄い酸素に対応できる画期的な肺のしくみをもつことができたから。これを「気嚢システム」といって、カンタンにいうと、酸素を長く体の中に溜めておけるシステムがあったんだ。今の鳥類ももちろん持っているぞ。

鳥類や恐竜にある気嚢システムのしくみ！

気嚢システム

息を吐くときも酸素を肺の中に溜めておけるため、常に体の中に新鮮な酸素を取り入れることができる。

肺

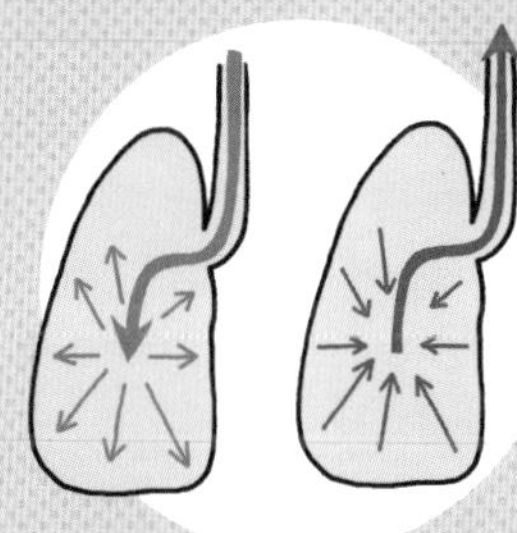

吸う息、吐く息の流れが一方通行なので、酸素を長く肺の中に溜めておくことができない。

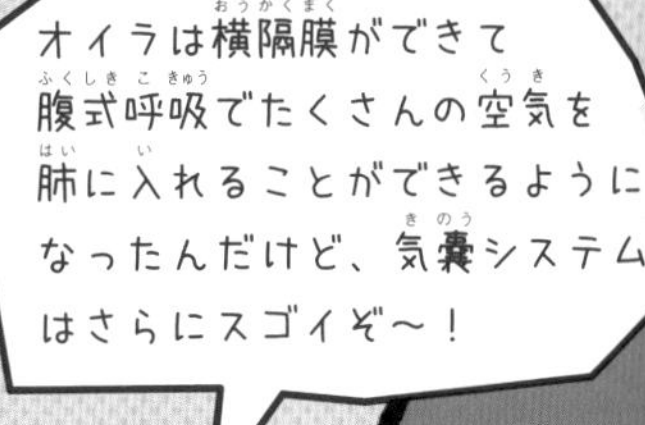

隕石？火山？なぜか大量絶滅が

超巨大隕石が落下!! 地球が闇に包まれた…

ジュラ紀と白亜紀は恐竜がたくさん増えた時代だった。このときの地球には超大陸がなくて、今のヨーロッパ、アフリカ、南アメリカ、インドなどがそれぞれの陸地を作っていたぞ。北アメリカとアジア、南極とオーストラリアはつながっていた。大陸がバラバラになったから、それぞれの陸地でそれぞれの生物が進化していたぞ。

しかし、地球に巨大な隕石が落ちたんだ。直径は10～15キロメートルといわれているぞ。こんな巨大なものが落ちてくると…、もう地球全体に関わる大事故だよ。半径1000キロメートルにいた生物は即死。地上の温度は1万度になったらしいぞ。隕石の衝突で舞い上がったたくさんの岩石が大気圏から落下してきて、さらに数時間後には各地を巨大な津波が襲ったんだ。衝突した場所からチリやホコリが舞

巨大な隕石が落ちて起きた「衝突の冬」

巨大な隕石が衝突する

衝突したところから大量のチリやホコリが空中に舞い上がる。

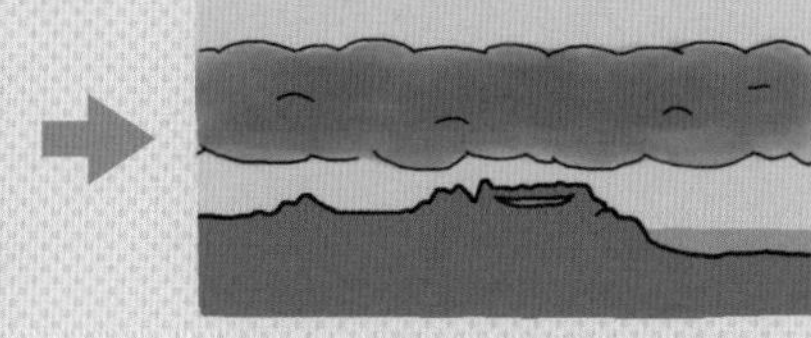

太陽光が届かなくなる

厚い雲の層ができ、地面に太陽の光が届かなくなって暗闇になる。

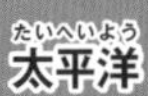

太平洋

大きな生物には大量のエネルギーが必要で、体重25キログラム以上の生物の多くは絶滅してしまったよ。

地球全体が冬になる

植物が枯れて気温が下がり、地球全体に冬が訪れる。

白亜紀の頃の地球

い上がり、それが厚い雲の層になって、地上に太陽の光が届かなくなってしまった。ペルム紀末に起きた火山の大爆発でも真っ暗になっちゃったことがあったよね（116ページ）、そのときは地球が低酸素状態になったんだけど…。

この時代は、暗闇になって植物が枯れたあと、気温が下がって地球全体が冬になったんだ。食べ物もなくなって、大変だったぞ（54ページ）。「衝突の冬」なんて呼ばれているんだ。

この隕石のクレーターは直径180キロメートルで、メキシコ湾岸にあるぞ。今のところこれが最後の大量絶滅。恐竜の時代は1億6400万年も続いたんだけど、ある日突然終わってしまった…。地球には何が起こるかわからないな…。

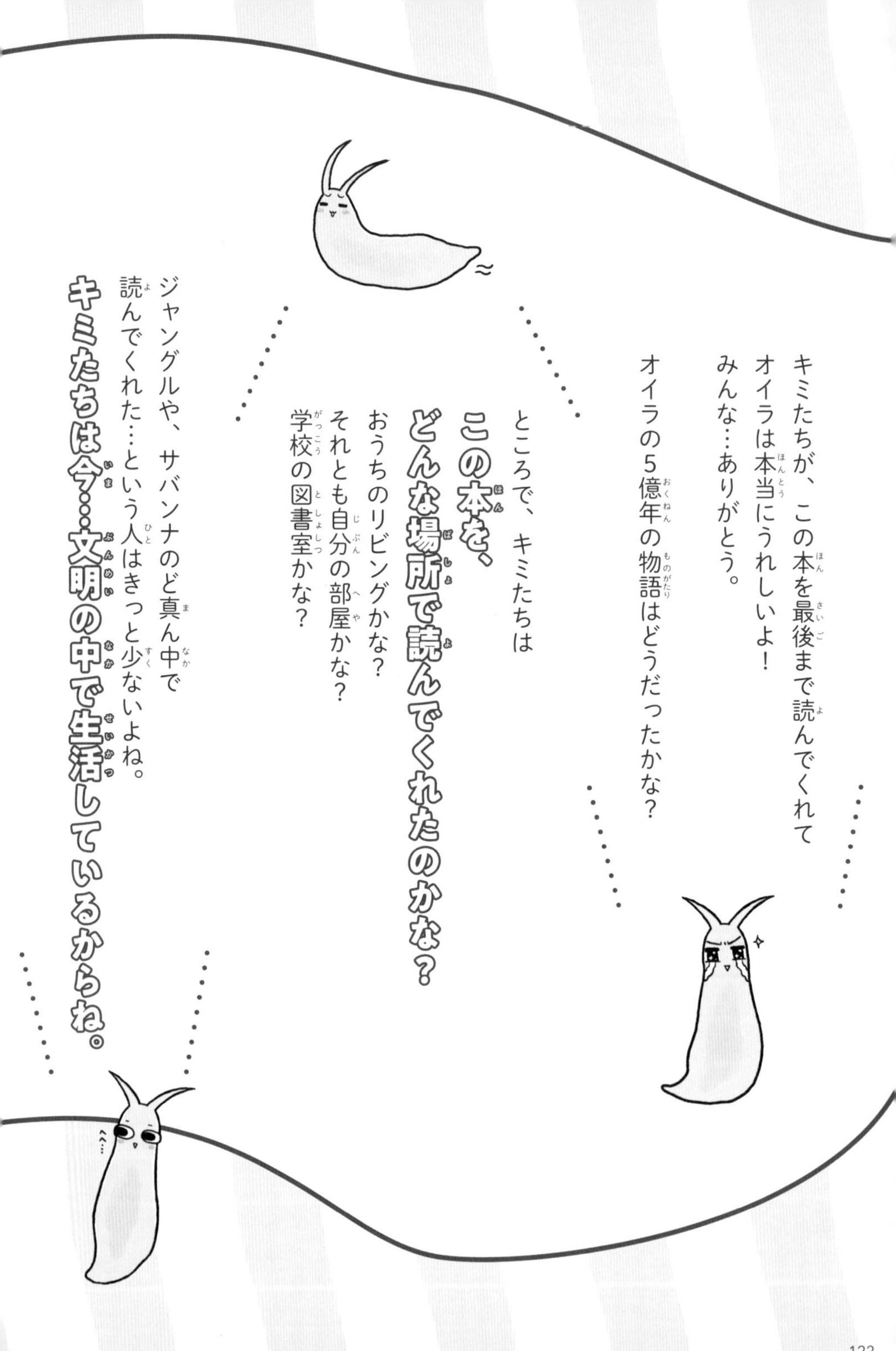

キミたちが、この本を最後まで読んでくれて
オイラは本当にうれしいよ！
みんな…ありがとう。

オイラの5億年の物語はどうだったかな？

ところで、キミたちは
この本を、どんな場所で読んでくれたのかな？
おうちのリビングかな？
それとも自分の部屋かな？
学校の図書室かな？

ジャングルや、サバンナのど真ん中で
読んでくれた…という人はきっと少ないよね。
キミたちは今…文明の中で生活しているからね。

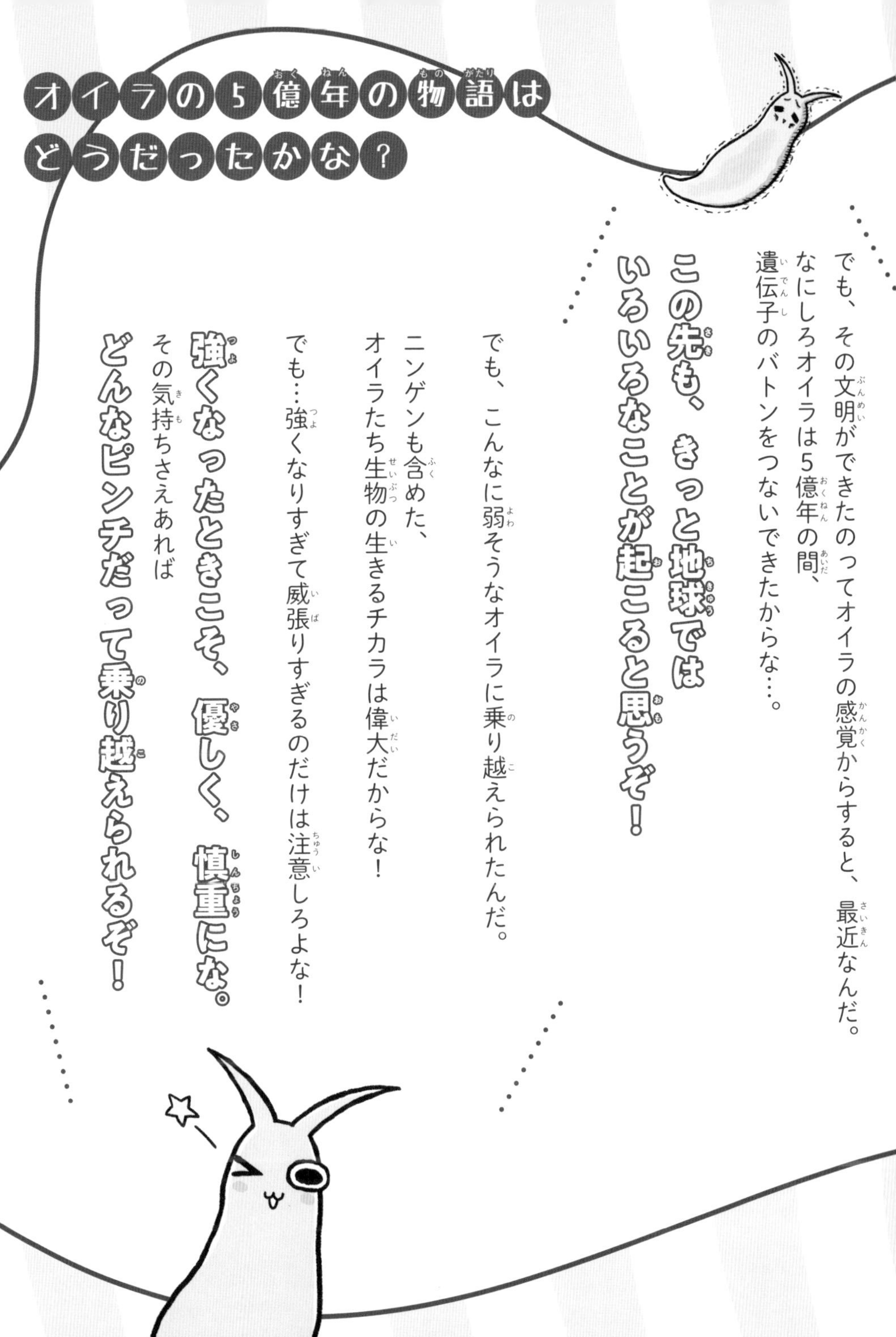

オイラの5億年の物語はどうだった かな？

でも、その文明ができたのってオイラの感覚からすると、最近なんだ。
なにしろオイラは5億年の間、
遺伝子のバトンをつないできたからな…。

この先も、きっと地球では
いろいろなことが起こると思うぞ！

でも、こんなに弱そうなオイラに乗り越えられたんだ。

ニンゲンも含めた、
オイラたち生物の生きるチカラは偉大だからな！

でも…強くなりすぎて威張りすぎるのだけは注意しろよな！

強くなったときこそ、優しく、慎重にな。
その気持ちさえあれば
どんなピンチだって乗り越えられるぞ！

探究とは、驚きと感動の世界の扉を開くこと

生命の進化の物語、いかがだったでしょうか？

地球には、環境の変化という形で、さまざまなピンチがやってきます。

火山の噴火、隕石の衝突、寒冷化、温暖化…。

命を脅かすピンチの連続。
それを古生物たちは、自らの姿や形を変えることで乗り越えてきました。

今、私たちニンゲンの目の前には、少子高齢化社会の到来、気候変動、ウイルスの蔓延など、さまざまな環境の変化が起こっています。

この中で、私たちニンゲンも、姿や形を変えることができるのか。
知性を使って、ものの考え方を変えることができるのか。
私たちも、弱者であった古生物のように進化を果たすことができるのか。

それは、これからを生きるニンゲンたちみんなで作っていく挑戦の物語になるでしょう。

当たり前のように思える私たちの体には、進化の秘密が詰まっています。

何かを知り、知識を得ることで、当たり前の日常の中で見える景色が変わります。
体に対して、ちょっぴり「ありがとう」という気持ちが湧いたり、

おわりに

体を見つめて遥か昔に生きた古生物たちに思いを馳せたり。

学ぶことの醍醐味は、知ることで、見える景色が変わること。

何気ない毎日に驚きと感動というスパイスが加わることです。

この本では、「進化」について見てきましたが、
この世界にはまだまだたくさんの驚きや感動が眠っています。

この宇宙はどうやって誕生したのだろうか？

地球を作る元素はどこからやってきたのか？

といった壮大なもの。


蜂の巣はなぜ六角形なのか？

どうして火山は噴火するのか？

といった、もうちょっと身近なもの。


さまざまな「なぜ？　どういうこと？」をたどっていくと、

「わあ、すごい！　なるほどなあ」という驚きや感動と出合います。

探究を通して、驚きと感動の世界への扉を開けてみませんか？

皆さんにとってこの本が、そんな提案を受け取りたくなる一冊であることを願っています。

探究学舎講師［向　敦史］

[巻末特別ページ]

「生命進化のうた」

カンブリア紀から第四紀まで！

古代から続いてきた命のバトンリレー。
その壮大なストーリーを
エネルギッシュな歌に込めました！
気づいたら古生物にくわしくなっている、
探究学舎「生命進化編」のテーマソング。

YouTubeで公開中！ ここからアクセスしてね！

https://youtu.be/STARQpHyilw

カンブリア！～生命進化のうた～
「かっきー＆アッシュポテト」
作詞：かっきー＆アッシュポテト
作編曲：柿島伸次　監修：宝槻泰伸

YouTubeに探究学舎のチャンネルがあるぞ〜！

キミの探究心に火をつける！

“探究学舎”ってどんなところ？

驚きと感動の種をまき、学びへの興味があふれ出す魔法の授業

子どもたちが「好きなこと」「やりたいこと」を見つけられるように、「もっと知りたい！」「やってみたい！」という興味の種をまき、ひとりひとりの探究心に火をつける、そんな興味開発型の学び舎です。「宇宙」「生命」「元素」「算数」「医療」「戦国」「経済」「音楽」「ことば」など、さまざまな分野について、子どもたちが驚きと感動に出合えるような学びの体験を届けています。

探究学舎の授業がキミの家にやってくる！

オンライン探究

パソコンやタブレットを使ってアクセス。「完全オリジナルの生ライブ探究授業」「子どもが進んで取り組む魅力的なミッション」「双方向性」が特徴の、自宅にいながらにして実際に自分でやってみる体験ができる参加型の授業です。

授業を受けるだけではない！

オンライン探究ならではのミッション

★謎解き BOOK★

限定のオリジナル自主探究教材「謎解き BOOK」が毎授業後、1 週間ごとに届きます。
LINE の即時返答システムで、謎が解けたらムービーが流れ、学びを深めます。

★クエスト★

「やってみたい！」を深め、自ら学びだす「クエスト（探究課題）」が提案されます。
たとえば…

- **自分だけの「マイ周期表」を作ってみよう！（元素編）**
- **尊敬する戦国武将や忍者になって、お城の特徴を探究しよう！（戦国英雄編）**
- **橋の構造を探究し、パスタでオリジナルの橋を作ろう！（建築編）**

「クエストブック」に記録しながら、やりたいこと、本当に情熱を注ぎたいことを見つけ出し、その興味の芽を育てていきます。

※ 2020 年 5 月現在。プログラムの内容は変更になることがあります。
最新情報は ウェブサイトをご覧ください。

「大好きなこと」を探しに行こう～！

探究学舎
〒181-0013　東京都三鷹市下連雀 3-38-4 三鷹産業プラザ 2 階
メール　support@tanqgakusha.jp
お問い合わせ URL　https://tanqgakusha.jp/contact/

参考文献

『ああ、愛しき古生物たち～無念にも滅びてしまった彼ら～』笠倉出版社　土屋 健

『リアルサイズ古生物図鑑 古生代編』技術評論社　土屋 健

『リアルサイズ古生物図鑑 中生代編』技術評論社　土屋 健

『ハルキゲニたんの古生物学入門 古生代編』築地書館　川崎悟司

『ハルキゲニたんの古生物学入門 中生代編』築地書館　川崎悟司

『はるか昔の進化がよくわかる ゆるゆる生物日誌』ワニブックス　種田ことび

『ならべてくらべる動物進化図鑑』ブックマン社　川崎悟司

監修　探究学舎

成績アップや受験を目指す学習塾とは一線を画し、「学ぶことの楽しさ」「もっと知りたい」「やってみたい」という驚きと感動の種をまき、子どもたちの探究心に火をつける。学びのテーマは「宇宙」「生命」「元素」「算数」「医療」「戦国」「経済」「音楽」「ことば」など多岐にわたる。知識詰め込み型ではなく、子どもたちの好奇心を刺激する興味開発型の教室として人気を得ている。

弱すぎ古生物

ピンチはチャンス！
なんだかんだで生き残ったニンゲンの祖先のはなし

2020年5月30日　初版第1刷発行
2024年1月22日　第2刷発行

監　修　　探究学舎
発行者　　永松武志
編　者　　オフィス・ジータ
発行所　　えほんの杜
〒112-0013
東京都文京区音羽2-4-2 ノーブル音羽301
TEL 03-6690-1796　FAX 03-6675-2454
URL http://ehonnomori.co.jp
印刷所　　株式会社シナノパブリッシングプレス

イラスト　　りゃんよ
装　丁　　SAIWAI DESIGN 山内宏一郎
本文デザイン　　有限会社エムアンドケイ 茂呂田剛、佐藤ちひろ
企画編集　　株式会社ジータ 立川 宏、渡邊亜希子、久保千尋
校　閲　　株式会社ヴェリタ
販売促進　　江口 武

Printed in Japan
ISBN 978-4-904188-57-6